成为自己的勇气

认知自我的情绪心理学

风墟——著

花山文艺出版社
河北·石家庄

图书在版编目（CIP）数据

成为自己的勇气：认知自我的情绪心理学 / 风墟著 .
-- 石家庄：花山文艺出版社，2020.11（2024.9 重印）
ISBN 978-7-5511-5357-7

Ⅰ . ①成… Ⅱ . ①风… Ⅲ . ①情绪 - 心理学 Ⅳ .
① B842.6

中国版本图书馆 CIP 数据核字（2020）第 196788 号

书　　名：成为自己的勇气：认知自我的情绪心理学
CHENGWEI ZIJI DE YONGQI：RENZHI ZIWO DE QINGXU XINLIXUE
著　　者：风　墟

责任编辑：杨丽英
责任校对：李　伟
封面设计：尚世视觉
美术编辑：胡彤亮
出版发行：花山文艺出版社（邮政编码：050061）
（河北省石家庄市友谊北大街 330 号）
销售热线：0311-88643221
传　　真：0311-88643225
印　　刷：天津旭非印刷有限公司
经　　销：新华书店
开　　本：880 毫米 ×1230 毫米　1 / 32
印　　张：8
字　　数：130 千字
版　　次：2020 年 11 月第 1 版
2024 年 9 月第 4 次印刷
书　　号：ISBN 978-7-5511-5357-7
定　　价：46.80 元

目录

contents

PART 1　那些微不足道却让人痛苦的问题

PART 2　你是一切的答案

PART 1

那些微不足道却让人痛苦的问题

你为什么总是感觉不幸福

01

有一句人尽皆知的古话——“知足常乐”。

这句话过于常见，以至于人们常常忽略了它的内涵，认为这是句非常空泛的“心灵鸡汤”。

今天，我想从心理学的角度来解读一下这句话。

知足常乐的本质，其实指的是——“期望值管理”。

一个人的幸福程度，从根本上说，取决于他主观层面的感受以及对一切外在的解读。

譬如说，当一个人还没有找到合适的伴侣，或是还没追求到喜欢的人时，在他和伴侣的关系逐渐变好的过程中，他就会感到幸福。

可一旦二者结了婚，关系稳定了，过去的梦寐以求变成了现在的唾手可得，他便会迅速地将注意力转移到其他想要追逐的东西上，并认为自己只有得到了那个新东西才会获得幸福。

你会发现，人的欲望是一个无底洞，它的本质就是不断地“扩张”。

因为它永远处在一种动态的扩张状态之中，所以欲望根本就是不可能被满足的。

是故，我们对周遭一切的“期望值”也在不断地提升：

月薪五千元的时候期望月薪一万元，月薪一万元的时候期望月薪两万元，到了两万元又期望十万元……

随着欲望和期望值不断扩张，在欲望的“奴役”下，我们永远无法对当下所拥有的感到满足。因为我们总想获得更多，拥有更多，总是不断地试图达成更多的期望、达到更高的标准。

如果你已经习惯了这种被欲望“役使”的状态，那么你就很难从你所拥有的事物之中感到幸福。

那么，“欲望”究竟是个什么东西呢？

02

在谈这个问题之前，我们先对“欲望”做个三分：

“想要”指的是那些既符合你个人需求，也符合客观逻辑的欲望。他们可以通过一些实际行动达成，同时也会给你带来幸福和满足。比如饿了想要吃饭。

“需要”指的是客观层面或社会要求你去追求，但你自己不一定“想要”的东西。比如说你生病了，需要钱来治病，这就是“客观需要”；你二十八九岁了，需要结婚，这是“社会要求”。

“贪欲”指的是由我们的生理和心理机制共同导致的一种对外物无限制、无止境的追求。比如，生理机制要求我们尽可能多地存储脂肪和糖分，心理机制促使我们为了填补不安全感而追求更多的金钱。

“想要”“需要”和“贪欲”这三者是截然不同的东西。但问题在于，在现实生活中，我们常常把它们用“欲望”这一个词来整体概括，因而导致我们很多时候根本无法认清自己。

是的，我们所使用的语言和语言习惯会影响我们的思维方式；语言所定义的界限，则决定了我们对事物认知的清晰度。

比如说：军队，军人，李二。这三个不同的词相互组合就会给我们带来不同的感觉。

当我们在说“军队中的李二”“军人李二”和“李二”时，我们对这三个词组的认知是完全不同的。让“李二”这个词更加具体化，我们想到的会是一个活生生的人，但是“军人李二”则会令我们从“军人”这个视角去思考，更多的是考虑李二作为一个军人的各种属性。

同理，我们在使用“欲望”这样一个模糊而笼统的词汇时，就会将“想要”“需要”和“贪欲”混淆。许多时候，当我们说起欲望时，其实想说的不是欲望，而是“想要”或“需要”。

比如说，我“想要”月入三万。但如果我们没有分清“想要”和“贪欲”，就会令“贪欲”和“想要”混为一谈，可能在我们月入三万之后，又会基于贪欲的影响想要月入十万。

一旦我们对欲望的认知更加清晰化、具体化，能够了解“想要”和“贪欲”是两码事，我们就能将二者清晰地分开，而不令“贪欲”影响到我们追求的目标。

03

谈到这里，可能又会引出一个问题，许多人可能会说：我不知道自己“想要”什么，该怎么办呢？

在现实生活中，根本不存在这样的问题。

当我们看到“想要”这个词的时候，多数人会觉得“想要”意味着一个人天生就知道自己想要追求的是什么。

但人是社会化的产物，排除社会文化的影响，绝大多数人根本不知道并没有那种所谓的天生就“想要”的东西。

人们将“想要”视为一种天生就存在的心理动机，认为一旦找到了那个“想要”的东西，就会拥有一种强大的动力，就能够克服一切困难。

他们会认为，那些在人类历史上取得了巨大成就的人，从一开始就有着明确的目标和强烈的动机。

但事实上，动机只是促使人付诸行动的因素之一。一个持续性的行为，除了动机，还要有对目标的坚持和对障碍的克服。

许多人之所以希望找到那个自己“想要”的东西，最根本的原因在于：他们认为只有找到了那个自己想要的东西便能够克服所有问题。

自己也就不需要在付诸行动的过程中“有意识”地坚持，就不会产生“退缩”“懒惰”之类的情绪。

但这只是幻想，而且是一种为了逃避付出和艰难而产生的幻想。人们通常并不是真的想找到那个自己真正“想要”做的事情，而只是希望找到一件不用令他们克服人类自身种种缺点、不用付诸艰苦努力的事情罢了。

动机只是我们能够做成某件事的因素之一。那些伟大的作家、优秀的运动员等，他们的确很热爱自己的事业，但让他们取得最终成就的，是在过程中对自己目标的坚持。

他们也会因为痛苦或艰难而无数次地想要放弃，但他们最终还是坚持了下来。

因此，我们知道了：“动机”是无法直接消灭人自身的“惰性”的，“热爱”也无法覆盖人本身的种种缺陷，试图仅凭一腔热血或热爱去达成某种目的，完全不现实。

破除了这样一些错误的认知后，我们再来看看“想要”这个概念，就会发现，所谓的“想要”，实际上就是我们的“选择”罢了。

我们“选择”追求某个东西，或者我们“选择”成为某类人。

04

另一方面，我们又常常“高估”别人的“幸福度”。

我的职业是心理咨询师，我常常会想，那些已经成名的、咨询经验比我更加丰富的咨询师，他们肯定比我更幸福。而这几乎是大多数人本能地会有的一种幻想——认为那些比自己强的、在自己追求的目标上比自己走得更远的人，会比自己更幸福。

导致我们产生这种幻想的原因是——我们是在用“外物”作为衡量标准来评判幸福度。事实上，名声大不大、咨询经验丰不丰富，与一个人是否幸福并没有必然的关系。

就像我们多数人都下意识地以为“有钱人”会更幸福一样。事实上，当“金钱”的数量超过了某个阈值之后，它就不会再对我们的幸福度起作用了。

这种幻想还暴露出我们对于“幸福”的另一个错误认知，即幸福是一种持续的、永久性无痛苦的状态。就好像许多童话故事的结尾，通常是“从此，王子和公主幸福地生活在一起”。

但这是完全错误的。

幸福的本质是一个个不连续的瞬间，所以，没有人能够一直幸福下去，而只能时常幸福一下。

因此，如果我们能够主动降低自己的“期望值”，便随时都有可能产生幸福和满足的瞬间。

05

那么，我们要怎样降低自己的“期望值”呢？

主要有两个方面：一是明确“想要”的；二是隔离“贪欲”。

贪欲过于炽盛会导致我们产生无数“想要”的目标。

你想要的太多、想达成的太多，你的内心就会充满无数纷乱复杂的能量，它们会令你对生活的多个层面产生不满，进而给你带来诸多痛苦。

因此，我们首先要精简自己的人生目标，明确自己的核心目标，并且只维持这些目标。除此之外，不要给自己设立过多的超出自己能力的目标。

明确“想要”的关键，其实不是要你确定自己要去追求什么，而是要你首先明确自己不去追求什么，这一点尤为重要。

比如，你明确了自己只要达到月薪两万这个目标，就完全可以满足自己的各项生活开支。这个时候，你就不会被那些贩卖危机和焦虑的文章忽悠，或者是报各种班试图让自己的月薪涨到五万。

再比如，我确定了自己今后只钻研心理、小说等领域的知识，那么对于其他领域的知识，它就是再有用、再能赚钱，我也不会把时间过多地投入这些领域。

有人可能会觉得，我这是在教人不求上进。

但问题在于，“上进”很多时候已经异化成了一种“鸡汤励志”口号。

而且，许多时候，我们主观上如何“上进”，并不会给客观层面带来多么大的改变，更多的只是令我们更焦虑而已。

另一方面，我们必须深刻地意识到“贪欲”的无限制扩张的属性，并对其保持一种审慎的态度。

因为“贪欲”是每个人都固有的，很难说有什么方法可以直接将其“消灭”掉，故而对其保持警惕，不受其影响就可以了。

最后，我想推荐一个《哈佛幸福课》里提到的方法：每天睡觉前，记下五件在这一天当中值得你感恩的事情。

这个方法很不起眼，但却非常有用。因为当你思考你要对今天当中的哪些事情感恩时，其实已经无意识地将你的“期望值”降低了。

感恩这种心态，本质上就是将你的期望值调整为零，然后在此基础上，看看生活中发生了哪些超出期望值的事情。

愿我们都能成为“知足常乐”的人。

过于在意别人的看法是种什么病

01

我曾经是个非常在意别人评价和看法的人。

这一点一直令我非常苦恼，我自己也一直想摆脱。但不管怎么努力，却只是令我变得愈发敏感，愈发在意这些问题。

通过不断的摸索，直到两年前我才彻底摆脱了他人对我的影响，真正成了一个无条件接纳自我、不会被评判与看法影响的人。

在这里，我将把我的经验分享给大家。相信看完这篇文章后，作为读者的你也能够放下对于别人看法的过度在意。

在我很小的时候，我的父母总以一些很严苛的标准来要求我，他们总是告诉我：你还不够好，你还不够优秀。他们很少夸奖我，也很少给予我正面评价，还总是拿我和别人家的孩子比，这样久而久之，就使我习惯于以别人的评判为标准来看待自己，并试图去满足别人的期待——习惯成自然，别人对我的赞同或否定会对我的情绪造成极大的影响。

后来，我进入心理咨询行业，接触了很多被心理问题困扰的来访者。我发现，那些过于在意别人看法的人——也就是我的同类，几乎都有一个特征：童年时都被父母或抚养者要求成为他们所期待的人——这就是导致我们会过度在意别人看法的根本原因。

父母的世界观是造就我们未来一切认知、行为模式的模板。但我们也要意识到，这仅仅是一个模板而已。在我们成长的过程中，我们和别人相处与互动，令这些认知和行为模式得到了更新和强化；也是在这个过程中，"在意别人的看法"才真正内化为我们的一个"基本习惯"与"核心信念"。

02

随着心理学的发展与普及，许多心理学的概念被大众所熟知，而其中一些概念在传播的过程中不可避免地被夸大和绝对化了——"原生家庭"这个概念就是其中之一。

人类的归因倾向习惯于在根源处寻找答案，所以，“原生家庭”这个词几乎成了公认的心理病症的根源所在。

但实际上，我们必须要明白——童年的经历只是导致我们心理问题的一个“触发因素”，而不是全部的原因。事实上，在我们的成长过程中，对我们童年的行为与认知模式的强化和重复，才是导致我们出现心理问题的主要原因。

“在小的时候被父母要求成为他们所期待的人”，有类似童年经历的人并不在少数，但还是有很多人长大之后，并没有像我们一样成为会过度在意别人看法的人。

这说明了什么？

这说明原生家庭的确会令我们在一开始产生这些问题，但在成长的过程中，我们是完全有机会摆脱这种认知模式的。

比如，你拥有了一群能够接纳你的伙伴；你在学校里成绩很好，能不断地从别人那里获得正向反馈；你力气很大，你们班的同学都很怕你，等等，这些都可能成为改变我们认知模式的重要外因。

另一方面，即使你已经清清楚楚、完完整整地知道了童年时你和父母相处方式的问题，你明确地知道父母对你的哪些言行令你变得如此在意别人的看法。

然后呢？

如果你想彻底解决这个问题，还是要从你“现在”的认知与行为模式入手，只有把自己的认知与行为习惯改变了，问题才能得到彻底解决。

03

在明确了“唯有付出行动才能解决问题”这个前提后，我们再来看一看导致你过度在意别人看法的直接原因——这些直接原因是我们解决问题的关键：

1.害怕得罪别人。

毋庸置疑，这是任何一个会过度在意别人看法的人潜意识里都会有的一个核心信念。你害怕和别人起冲突，你害怕别人对你发火，你害怕别人冷落你，你害怕别人抛弃你……

而这一切的本质，都是对于“死亡危险”的恐惧。

这种恐惧来自我们心理问题的触发因素：父母要求我们成为他们期待的人。在童年时期，父母是我们能够生存下去的唯一保障，得不到父母的认可，无法满足父母的期待，便意味着我们有被抛弃的风险。对孩子而言，被父母抛弃，就意味着“死亡”。

对于这种“死亡风险”的恐惧，促使我们不得不去努力满足父母的期待。

2.自卑。

自卑的人基本都会过度在意别人对自己的看法。所以，自卑和过度在意别人的看法，是一个互相作用的关系。

3.敏感。

敏感意味着一个人的心理承受能力差，容易多想，容易受伤。

4.习惯于将自己与别人进行对比。

如果你习惯于将自己和别人做对比，就必然会受到伤害。

不停地令自己变强，不停地令自己变得更完美，从而在与别人对比时胜过对方——这样的思维是无法解决问题的。

不管你变得多强大，不管你变得多好，这个世界上绝对有比你更好的人。换句话说，你总会有不如别人的地方，如果你希望自己胜过所有人，你注定是要失败的。

5.试图成为别人。

人都有一个理想中的我，理想中的我与现实中的我之间的差距，是许多神经症问题产生的根本原因。

不论是我们的文化，还是父母和长辈的教诲，往往都是在教我们成为一个“别人”，很少有人告诉过我们：做你自己就好。

试图成为“别人”，试图变得“更好”“更完美”是驱使很多人活下去的动力，但这本质上只不过是满足了你的一种幻想而已。

对于绝大多数人而言，他们终其一生都活在这种幻想里，一辈子都活在外界的评判标准里——他们为了成为“别人”，而浪费了“自己”的一生。

6.不能接纳自我。

人的自尊有三种模式：

第一种是“依赖性自尊”，即通过别人的评判标准来看待自己，在得到别人的赞美与认同时非常开心，在被别人否定和拒绝时嫉妒或难过。会过度在意别人的看法的人，就属于“依赖性自尊”。

第二种是“独立性自尊”，即不再通过外在的评判标准和他人的眼光来看待自己，而是完全遵照自己的标准和要求来看待自己。但拥有独立性自尊的人，有些时候也会因为给自己制订了过高的标准而产生挫败感。

第三种是“无条件自尊”，即不需要任何理由，不需要任何评判标准，完全尊重和接纳自己。只有这种自尊，才是真正的自尊。

有条件的自尊本质上只是在玩“找到一个标准，满足这个标准”，从而自我安慰的游戏罢了。

所以，当一个人不能接纳自己的时候，他的内心是空洞无物的，他无法从自身内部获得支撑，而不得不从外界寻求认同和力量。

04

以上六个原因，你可以对号入座，然后努力将其克服掉。然后，在很大程度上，你就能不会太在意别人对你的看法了。

但在无人指导的情况下，要想克服这些问题是非常难的。

没有目标，也没有方法，可能也没有执行力，你很难坚持下去。

在这里，我将我这些年所积累的经验和想法全部分享出来，我会从我所能想到的所有角度，全方位地帮你建立起一个自信、自尊、自爱的核心信念。

在这里，我想强调一下，你需要做的，是将以下这部分内容每天看一遍，直到你彻底理解，将其内化为你的精神信条为止：

1.别人没那么在乎你，也没那么关心你。

虽然许多人的问题是“太过在意别人的看法”，但本质上其实是“过度的自我关注”。

也就是说问题的实质根本不在于别人怎么看你，而是在你自己将别人对你的看法看得太过重要，将别人对你的看法所导致的后果看得太过严重。

你必须清楚地意识到这一点：并没有多少人在关注你，也没有多少人对你有什么“看法”。

仔细想一想，你对别人又有多少看法呢？即便你对某个人有些看法，这个看法又能持续多久？ 而且，你对别人的看法根本就没有什么实质性的影响，假如说真的产生了什么影响，根本原因也是因为那个人“在意”你的想法。

反过来讲，这个道理在你身上同样适用，别人对你的看法本身就是一种“非实质性”的影响。

所以，你看，你因为害怕别人对你的看法所造成的影响，才会过度在意别人对你的看法。如果你不再在意别人对你的看法——那么别人对你的看法就不会对你造成什么影响。

看法始终只是看法而已。

而如果你说，那别人骂我是傻瓜怎么办？别人欺负我怎么办？别人排挤我怎么办？

这就关乎你“懦弱”的问题了，当别人对你产生“实质伤害”的时候，就已经不再是“别人对你看法”的问题了，你要做的是捍卫自己的权利，反抗欺负你的人；或者在确认是你很傻的情况下，改正自己那些愚蠢的行为。

我们要知道：太过在意别人看法的对立面是“不在意别人的看法”，而不是“彻底、绝对、完全地拒绝别人的看法”。

不在意便意味着你不会被别人的看法影响，也不会被别人的看法伤害。但你仍然会正视、面对，并接受别人对你的看法。

打个比方，你因为在宿舍随地吐痰而导致了别人对你的不满，那么你要做的是修正自己的行为，而不是无视别人的看法。

总而言之，你要能够在客观的层面上分清楚你的行为是否对他人造成了伤害或者影响，如果不违背法律和最基本的道德，也没有伤害或影响到他人，那你完全可以无视别人的看法。

2. 于你而言，在这个世界上你自己才是最重要的。别人和别人的看法，都不重要。

每次当我告诉我的咨询者们“你自己才是最重要的”时，他们几乎无一例外地会说："这样也太自私了吧！""可是我父母生养我很不容易啊！""她是我最好的朋友啊！""可是我真的很爱我的男朋友！"

每当听到这样的回答，我都会忍不住在心底心疼这些人：这些人已经被伤害到什么地步了，他们竟然完全没有自尊自爱的意识。

我们的教育一直在强调集体主义，强调助人为乐，强调为别人考虑。我们将为自己考虑、满足自己需求的行为定义为自私，并且整个社会都在或明或暗地对"自私"持批判态度。

这就和为什么太懂事的孩子长大了往往不幸福的原因一样，一个人如果没有勇敢地、坦然地满足自己的"自私"心态，只会一味地照顾和满足别人的感受，那他将永远不可能获得幸福。

因为快乐的本质就是对自我欲望和需求的满足，你必须将自己的需求放在首位，你的人生才可能是幸福的。

如果你时刻都想着别人，时刻都去迎合与满足别人，你的需求和欲望就会被压抑，久而久之，你就会忘了自己究竟想要什么，忘了自己喜欢什么……

从生物学角度来讲，无论是谁，他活在这世上，首先为的是自己的生存。

你这一生会遇到许多人，会有无数的人对你发表他们对你的看法。然而，他们的看法对你而言十分重要吗？

有很多时候，并不重要，很可能，于你而言，这些人只不过是你生命中的一些过客而已，所以你有必要去奉承和讨好这些对你一点儿都不重要的人吗？

你可能会想：我的亲朋好友、丈夫或妻子、孩子……他们会陪我一辈子啊，他们对于我而言是很重要的人呀！

没错，这些人的确很重要，但重要和你要牺牲自己去迎合别人之间没有必然的关联。换句话说，一个人对于你很重要，但你没有必要“丧失自尊”地去迎合他。

更何况你也清楚，你和这些“重要”的人也许要相处一辈子，难道你愿意一辈子都委屈自己去迎合他人吗？

从最根本的层面上讲，你活着这件事本身就是为了你自己。

3.把你自己的需求放在第一位，不要委屈自己，成全别人。

有太多太多的人不会也不敢表达自己的需求——这一点是许多人痛苦的原因。

明明已经无比愤怒，但他们依然无法哪怕在语言上表露出一丁点儿攻击性。

他们仿佛天生就习惯站在别人的立场，去照顾别人的感受，满足别人的需求。

但请你想一想，这样一来，又有谁来理解你的立场，照顾你的感受，满足你的需求呢？

实际上，没有任何外界的压力和束缚要求你必须在意别人的想法和感受。

只需要尝试一次满足自己的需求——当别人惹恼你的时候，你骂出一句“你给我滚”；当你的父母要求你满足他们的期待时，你坚定地告诉他们：我自己的未来我自己做主。

只需要一次，你试试，然后仔细想想自己会不会出问题，天会不会塌下来，所幻想的那些恐怖究竟存不存在。

或许你的朋友会生气，你的父母会说你太不懂事，但那又如何呢？

为什么就不能和他们争辩？为什么就不能坚持你自己的想法呢？

如果你因为“我说了，他们不让啊”“可是他们不理解我”“我说不过他们”之类的理由而不能坚持自己的做法，我只能说，你的一切痛苦都是你应得的。

你自己的决定，别人让或不让，别人理解或不理解，这和你有什么关系呢？

我问你，别人不让你吃好吃的，别人不让你去做你想做的工作，别人不让你和他人起冲突，凭什么呢？

或者说，你为什么要按照别人对你的要求生活呢？

他不让就让他不让去，他不理解就不理解呗，他说的有理就让他有理，他不接受就让他不接受。

你自己的决定，关别人什么事儿？

4.不要害怕得罪别人。

看到这里很多人会担心：我要是得罪了别人，该怎么办？

你要意识到：不害怕得罪别人并不意味着你要刻意去得罪人。

对于现在的你而言，你会因为害怕得罪别人而小心翼翼地注意自己的言行举止，会为了和别人不起冲突而压抑自己，会为了不让别人对你产生不好的看法而去为别人的错误负责。

而不害怕只是让你放松下来，让你回到正常人的程度，不故意惹事，但如果发生冲突，就要就事论事，是你的错误，你就要承担；不是你的错误，则不需要去忍受。

所以，虽然字面上的表述是：不要害怕得罪别人，但本质上是在说，要能就事论事地分清问题的边界。

5.放弃“成为更好的人”“努力变得更优秀”之类的幻想。

好的，坏的，对的，错的，这些都不重要。你想要的，才是最重要的。

没错，你没有看错。我就是在建议你放弃变得更好、变得更优秀。因为试图变得更好、更优秀之类的信念，可能正是导致你痛苦和不幸福的根源。

不可否认，整个社会都在鼓励每个人努力变得更好。然而，很多时候，一旦目标无法达成，你就会对自己不满，甚至讨厌自己，强烈地否定自己。

这种对自己的不满驱使着你不断地向前走，你以为只要达成那些目标就轻松了，你的人生就圆满了。

而在那一刻到来之前，你会一直被焦虑控制和驱使，久而久之，你变得越来越急躁，你觉得必须尽快地到达终点，实现那个目标，但现实却束缚着你，让你觉得自己离那些目标是那样遥远，简直遥不可及，这反过来又加剧了你的焦虑和沮丧。

又或许，你很幸运，经过种种努力，最终到达了终点，实现了那个目标，但在到达的那一刻，你会发现自己好像并没有体会到想象中的那种喜悦和满足，焦虑与痛苦还是如影随形，并没有散去。

到此，你有没有发现，这两种情况都没能够使你更快乐。因为你所追求的目标，是外界给出的标准，而不是你真心想要的。

马斯洛认为：人有五种需求，最高层的需求叫作自我实现。

这个“自我实现”，指的就是“做你自己想做的事”“完成你自己的使命感”“追求你自己存在的意义”。

而现实是——你一直在试图满足“外在”的标准，这和你的本能需求无疑是背道而驰的。

真正的进步与提升是在接纳自我的基础上完成你的目标，满足你的需求，就像吃一份你喜欢的蛋糕，画一幅你想画的画，追求一个你喜欢的伴侣一样，这些都是自然而然的事情，而不是别人给你的一个目标。

成为“你自己”，而不是成为“优秀”或“卓越”，这才是自我实现的真正含义。

05

看到这里，你的认知层面已经受到了一定程度的冲击，但这还远远不够，只有做到“知行合一”，才能真正解决你的问题。

对于你要在行动层面上做出的改变，我给出如下建议：

1.将你所在意的别人对你的看法记录下来，然后尝试着做一些不被这些看法影响的行动。

过于在意别人的看法——这种想法是意识层面的问题，这种意识层面的问题，我们在短时间内是没办法根除的。

但是，你可以有意识地控制你的行为和做法，你要做的就是，即便你在意识层面很在意别人对你的看法，但你依然要在行动层面努力摆脱这种影响。

比如说，朋友认为你扎丸子头不好看。你以往的做法是从此不再扎丸子头了。现在，你要做的是，在接下来的几天继续扎丸子头。

我知道这对你来说很难，但克服这个困难本身就是你成长的过程。

你要记得，你不做某件事的理由只有两个：一个是你不想，一个是不可能完成。

困难不在这两者之内，当你尝试着继续扎丸子头时，你就已经是在克服“太过在意别人的看法”这个问题了。

2.尝试表达出自己的真实需求和感受。

“我没有时间帮你。”

“如果你不能像一个朋友一样尊重我，那我也没必要尊重你。”

“小时候你们伤害了我很多，所以不要再试图控制我，我不会任由你们摆布，今后我要过自己的生活。”

“我希望你能够多关注我，多陪陪我。”

“你要我理解你，但为什么你就不能理解我一下呢？”

类似的话是不是经常出现在你心里，但你却始终无法将它们说出口？

其实你知道自己需要什么，或者说，你肯定知道自己不想要什么。

你只是难以拒绝，不敢拒绝，也不会拒绝罢了。

那么你接下来要练习的，就是把这些你以往不敢说出口的话痛快地说出来，你要做的是不再委屈自己，不再去照顾和体谅别人，不再被别人控制，而是明确你的界限，捍卫你的立场。

寻找自己真正想做的事，追求自我实现，这本身就是一件非常难的事情。你可以从拒绝自己不想要的做起，拒绝的次数多了，那些你想要的，就会慢慢地明晰起来。

这世上只有一种成功，就是用你喜欢的方式度过一生。

这句话对我的影响一直重大且深刻，在多年的工作和生活中，这句话始终提醒着我：你活着是为了你自己，你对于自己负有完全的责任。金钱也好，名声也好，地位也好，这些都会诱惑和吸引着你的“社会属性我”。但你始终要记得，你不是社会的奴隶，你也不是社会的工具，你的本质是你自己。

为什么你会越努力越焦虑？

01

曾经有一个姓萧的先生来我这里咨询，我对他印象深刻。

萧先生是一个年收入逾百万的企业主，从他身上你可以感受到一种非常典型的成功人士的气质——时间观念很强，做事目标明确，无论做什么都会先在头脑中盘算好，然后滴水不漏、按部就班地实施下去的理性主义者。

他一开始就用非常迅速且准确的语句将自己的心理状况描述了一遍。最后总结道：“老师，我真的非常焦虑。这种焦虑从我一开始创业就有，到现在已经持续了十多年了。最近这段时间越来越强烈，我真的不知道该如何是好。”

我刚要张口，他又接着说道：“请问我这种情况要咨询多少次才能治好？我知道你们的咨询安排通常是一周一次，但我想更快一些，你给我安排一周两次，最好在两个月内把我的焦虑治好，我可以加钱。”

我想了想，说：“你有没有意识到，你这种想要快速把焦虑治好的念头，很可能就是导致你焦虑的一个重要原因？”

他愣了一下：“这是什么意思？”

我说：“你说你创业是为生活所迫，一开始的时候你想着每个月能赚五千元就满足了；但等每月赚到五千元后，你又觉得你需要一年赚到最起码十万元才行，一年后你也做到了；但这时你又渴望每年能赚五十万元；现在你年入一百多万元，可你认为自己还是赚得不够。每次，你都认为自己只要达到下一个目标就能获得想象中的满足和平静，可一旦实现了那个目标，你却立刻又给自己设立了一个更大的目标，你认为这个更大的目标能够给你带来平静吗？”

“不能。”他沉默片刻，“那我要怎样才能尽快摆脱这种焦虑呢？我真是受够了这样的生活！”他几乎有些咬牙切齿地说道。

我看了他一会儿，说：“也许只有当你不再试图快速摆脱焦虑时，才能真正摆脱焦虑。”

02

在现实生活中，像萧先生这样的人还有很多。

这些人通常都有着较为严苛的父母或者对他有重要影响的师长，这种挑剔的外界环境无时无刻地表现出对他的不满，他们会经常拿他与别人比较。无论他怎么努力，却始终无法赶上他们口中的那个“别人”。

在这样一种崇尚攀比与排名的环境中成长起来，他们总是非常着急，做任何事情都极度地求快——想要快速成功、快速赚到很多钱、快速地拥有光鲜亮丽的职业。还有一个最普遍的渴望——就是快速地提升自我。

他们中的大多数人最终凭借着异于常人的勤奋和努力，过上了所谓的成功而美好的生活。但问题在于，他们几乎从来没有享受过成功的喜悦。他们始终被失败、落后、害怕，被别人看不起的思想驱使着——无始无终。

很多人不知道——“越努力，越焦虑”这种现象多发于这类“追求卓越”的人身上。

03

我记得我上小学那会儿，书店里很流行“心灵鸡汤”类的书籍,《意林》《青年文摘》之类的杂志也非常火爆。

后来，当人们意识到“心灵鸡汤”华而不实、空洞无物后，“心灵鸡汤”便成了一个大众意义上的贬义词。

很快，一种名为“成功学”的“学问”迅速于“心灵鸡汤”衰落后粉墨登场。各种“大师”，各种“励志金句”大行其道，成功学风靡一时。一时间，仿佛每个人都变得积极进取，争先恐后地想要成为一个“成功人士”。

“你不努力就是‘loser’。”

“最美的年华必须要拼命。”

大家都害怕落下，都害怕被别人批判，害怕成为别人口中的loser。

集体文化对“成功”的追求和渲染，以及对“不努力”的批判，使得许多人都难以接受自身消极的一面。

由此，才出现了“越努力，越焦虑”的现象。

深入分析一下，造成这种现象主要有以下三个原因：

1.“焦虑努力者”的努力一开始的动机便是焦虑驱使的。

他们因为——自己不够好（自认为），无法得到别人的认同，害怕被别人看不起而产生焦虑，为了摆脱这种焦虑，他们努力去变强，努力获取别人的认同。

但恰恰是这种“摆脱焦虑”的渴望令他产生了一种“二级焦虑”，也就是“因为无法摆脱焦虑而产生更剧烈的焦虑”。

所以，他越是努力地想要摆脱焦虑，就越焦虑；更有甚者，会因为焦虑情绪的存在而无法专注做事。由此，他达成目标的速度就会变慢，而速度变慢则又加剧了他的焦虑，他的焦虑越来越严重，直到最后他无时无刻都处在焦虑的状态下，无法再去做任何事，更无法用心体会和感受到生活的美好。

2.做事的目的只是为了最后的结果。

做事情当然是为了得到最终的结果，但“焦虑努力者”和平常人不一样的地方在于，他们做事的目的只在于最后的结果，这样的结果导向会导致他们无法享受做事的过程，无法感受当下的生活。在他们看来，生活就像是一个接一个的目的和节点，他们像是完成任务似的，一心想着尽快地从这个节点赶往下个节点。

换句话说，生活对于他们而言，就像是一连串被安排好的任务。这样的生活在大多数人看来非但毫无乐趣可言，还会让人感觉到枯燥和痛苦。

3.过度求快。

当你把生活看成一连串被安排好的任务时，你就不可避免地想尽快完成它。因为只有尽快完成了，你才能尽快从这种枯燥和痛苦中逃离。

比如你拼命赚钱，为的是某天可以不用赚钱；你努力考研，为的是尽快摆脱考研的痛苦；你硬着头皮写一篇公号文，为的是写完了就可以好好放松……

《禅与摩托车维修艺术》这本书中有这样一段话：当你做一件事情求快的时候，就代表你对这件事已经失去了兴趣。你想要快点结束它，就去做别的。

当你强迫自己去做一件你不感兴趣的事情以及去完成一件你抗拒的任务时，这无可避免地会令你痛苦和焦虑。

而且，你越是求快，就越是感到焦虑，越是感到焦虑，你做事的效率就越低，如此你就陷入了“欲速则不达”的恶性循环。

04

那么，我们该如何才能从“越努力，越焦虑”的状态中摆脱出来呢？

答案是：放弃努力，倾听内心的声音，去做一些自己真正感兴趣的事情。

我知道这个回答无法令“焦虑努力者”们满意，因为当他们看到“放弃努力”这几个字时，已经本能地感受到了一种“恐慌”。他们常常觉得如果不努力的话会更糟糕，如果放弃努力，他们的生活就会彻底失控。

其实，许多“焦虑努力者”所处的状态就像一个正在学游泳的人——他对水很陌生，感觉自己虽然在拼命扑腾，但依然在往下沉，他很恐慌，于是用力挣扎着，想要抓住些什么，好让自己不沉下去。

但他却抓了个空，下沉得更快了。于是，他更恐慌、更用力、更拼命地挣扎……然而，他越挣扎，下沉得就越快……

焦虑努力者们现在所做的一切努力都像是一个游泳新手所做的挣扎，自以为可以努力地“抓住”，并因此变得有钱、人缘好、学习好等等，以为这些幻象能够将自己从“恐怖”的生活中拉上去，但他所做的一切努力却正是导致他越来越陷入危险的原因。

那么不会游泳的人通常都是怎样学游泳的呢？

所有学会游泳的人几乎都会说：放松。

当你学会在水里放松，不再挣扎，不再僵硬的时候，水本身的浮力就会将你托起。

就像你对生活放手，不再紧缩自我，不再试图通过努力来抓紧什么的时候，生活便会带给你“安全”和“平静”。

而在这个时候，你的生活才是充实和有意义的。

容易想太多的人怎样获得快乐

01

随着心理学知识的普及，越来越多的人开始有了强烈的自我怀疑倾向，总是担忧自己是不是有什么心理问题，或是担忧自己的某些表现是不是“不正常”。

然而，这种过度的自我关注或自我担忧反而可能成了真正的问题，因为它会令一个人变得十分敏感。

而当一个人变得敏感了，他就很容易让自己原本正常的身心状态变得“失调”。

判断一个人是不是容易想太多，有一个简单粗暴的方法：假如你正处在恋爱中，另一半如果回复信息晚了或者没有回，你会不会很快就焦躁不安，并自顾自地幻想对方是不是有事瞒着自己，或是喜欢上了别人？并且，在这种设想中体会到一种“被抛弃”的恐惧？

当然，这个评判标准中的关键在于——很快。

如果长时间得不到伴侣的回应，多数人都会感到焦虑；但是内心敏感的人一旦得不到伴侣的回应，很快就会陷入胡思乱想之中。

而这种在恋爱中得不到回应时的表现，只是“想太多”人群的主要表现之一。

“想太多”的本质，是一个人总不自觉地将自己过去成长中经历过的负面事件的体验重复且非理性地带入当前的生活情境中。

“重复”，指的是不管现实中的事件多少次证明了自己的担忧是无意义的，但他们还是会一次次地在相似的情境中产生焦虑和担忧。

“非理性”，指的是一旦他遇到和过去的负性生活事件类似的情境时，便会丧失理性的判断能力，产生出很多不符合现实的推测和夸大性的担忧。

比如，伴侣可能只是在忙工作，他却无由来地认定对方是在和别的异性聊天；对方出门办事，却担忧对方会遇到各种天灾人祸。

许多容易“想太多”的人，习惯于将自己的这种习惯归结为“缺乏安全感”。

但如果细究起来，就会发现这种归因是毫无意义的。

当然，也有很多的书籍和文章给出了“缺乏安全感”的原因。

但是，其最关键的问题在于：如何克服缺乏安全感这个问题？

事实上，我没见过谁能够对这个问题给出“足够落地的答案”。

很多人给出的答案总是缺乏一种“实在感”，或总是在“爱自己”以及“自我接纳”这种“概念性词汇”中不断地绕来绕去。

所以，你会觉得他们说得都对，但你还是不知道该怎么做。

02

我们来看两个概念：认知的“内向化”和“外向化”。

这个内向和外向指的不是人的性格，而是指我们思考的方向。

“内向化”指的是我们在思考问题时，倾向于向个体的内在、心理、人格等方向找原因；“外向化”指的是我们在思考问题时，倾向于在外在的、客观的、现实的层面找原因。

最好的看待问题的方式，当然是我们将“内在”和“外在”这两个方面统筹兼顾，更全面地看待问题。但问题在于，许多人的思维方式已经过度的“内向化”，许多人只会进行“内向化”的思考。

举一个很典型的例子：曾有一个人来找我做咨询，他说他对于现在的工作有许多恐惧，害怕领导，害怕和同事的关系处不好，对于工作也总是拖延、不想去做……他觉得格外痛苦，同时也充满了焦虑。他问我怎样才能不焦虑呢？

通过交谈，我发现，这个人之所以在工作中存在这么多恐惧，最根本的原因在于——他没有掌握熟练的工作技能，所以工作做得不好，因此衍生出担心被老板开除、担心被同事嘲笑等问题。

这个案例很有代表性，我接触过的很多案例都与之很相似——当事人常常会被自己的负面情绪困扰，并因此怀疑是不是自己的心理或情绪出了什么问题，却很少有人能够想到负面情绪产生的原因。

这个例子还反映出，当事人的思维已经完全"内向化"了，他在看待自身问题的时候，完全集中在了自己的心理层面，严重忽略了"现实"和"外在"这回事。

这类型的人在现实生活中非常多，而且随着心理学知识的普及，会越来越多。

为什么这样的人会越来越多呢？最根本的原因有二：

一是随着社会整体价值观的变化，我们这个时代的人更倾向于"个人主义"。

"个人主义"的价值观和社会思潮带来的一个最直接的影响就

是——人们开始更加关注自身。

二是心理学知识的影响。

心理学这门学科研究的是人们的心理世界。随着心理学研究的不断发展，心理学的细分领域也越加精细化，这本身是科学发展的必然规律。但许多人却忽略了一个这样的前提——当心理学家们专注地探究某个领域时，会尽可能地将其他领域的问题或影响排除在外。

这就会涉及一个适用范围的问题。

现实生活中，许多人都会有一种“单一理论万能论”的倾向，说白了就是用一种理论强行解释一切现实场景。比如，学经济的习惯用经济学的视角看待问题，学哲学的习惯用哲学解释问题……

但是，我们要明白，用某一种理论解释现实时，一个最根本的前提是——我们必须考虑到所使用的理论的适用范围——只有确定这个问题处于理论的适用范围之内，我们才可以使用这个理论来进行分析。

然而，这个基本前提常常被人们所忽略。比如，我经常碰到的一个问题：“心理咨询师要如何协调不同咨询理论和流派之间的差异？”

这就是一个很典型的没有意识到理论适用范围的例子。

对于这个问题，我的答案是：不需要协调，也协调不了。

因为，不同的理论本来就是为了应对不同类型的来访者和不同类型的咨询诉求。所以，不同理论假设之间要么存在不可调和的冲突，要么问题根本就不在同一逻辑层面上。

我们要做的是，针对不同的类型使用不同类型的理论。例如，对于有早年创伤的人使用精神动力学，对有认知偏差的人使用认知疗法，对于有边缘型人格障碍的人使用辩证行为疗法……

打一个不怎么恰当的比喻，如果你是个水果贩子，有人想来你这儿买苹果，有人想买菠萝，还有人想来你这儿买大炮。

你要做的当然是给想要苹果的人苹果，给想要菠萝的人菠萝，把想要买大炮的人直接扭送至派出所。

“心理咨询”实际上是一个很宽泛的统称，正如医院有内科、外科、眼科、牙科、耳鼻喉科，试问，你要如何协调牙科和骨科的理论差异呢？

回归到我们的主题，我想表达的核心是——心理学也有其适用范围。

你喜欢探究自身的心理、人格、情绪等，当然没问题。但问题在于，你不能只用一套理论就试图解释自己生活中遇到的所有问题。

此外，心理学和其他学科一样，是需要专业门槛的，但很多人根本没有意识到这个“门槛”，因此，“民科心理学”大行其道，再加上“巴纳姆效应”的影响，人们特别热衷于对照各种心理测试和文章进行自我心理测试，然后惊叹道：“对！对！对！我就是这样的！”

为了迎合人们的这种需求，各类心理学相关媒体便会广泛地发那些能够迎合大众心理的理论和文章。

这一切都会在不知不觉中加剧很多人“内向化”的思维模式。

在这里，我想再强调一遍，我不是说关注和学习心理学不好，也不是说这种“内向化”的思维模式有什么弊端。

我想要说的是，如果一个人的思维只会内向化，而不考虑外在因素的话，会出现“想太多”的问题。

03

这种完全“内向化”的思维方式，恰恰是由于“过度自我关注”造成的。

所谓“过度自我关注”，就是一个人过度地关注自身，过度地关注自己会得到什么、失去什么、成为什么。这种关注持续的时间长了，个体会被自身的种种欲望所裹挟，然后变得格外敏感。

这种敏感主要表现为：情绪波动幅度过大，一点儿小事就会引起当事人强烈的情绪波动，比如过度的悲伤、恐惧、愤怒、焦虑等等。而为了平复这些情绪，他也只能通过“想太多”的方式来试图找到解决方法。但光想不做压根是解决不了问题的，所以，用“杂乱无章地思考”来应对负面情绪并寻找解决办法的行为，无异于火上浇油，只会令其混乱加剧。

还有一个导致人容易“想太多”的原因——虽然这个原因不一定是所有人都有的——就是太闲了。

没错，人如果太清闲了，往往也容易胡思乱想。

这里的“闲”，不只是说一个人无所事事，还包括固化的、重复性的生活。

如果你的生活是不断重复的，那用不了多长时间，你就会习惯这样的生活方式。换句话说就是，你无须为现在的生活分散太多的精力。

人的大脑会自发地进行思考，如果你的生活没有新鲜的刺激源，那么你的大脑会在不知不觉中被各种负面想法和情绪占据。正常情况下，我们的大脑在“解决问题”方面是优先于“享受幸福”的。如此，我们就不难理解，为什么我们的大脑会热衷于过度关注问题，而不是更关注自我感受的满足了。

“想太多”这种“毛病”，到底该怎么应对呢？

我的建议是，不要让自己的生活过于重复化，也不要让自己过于清闲。

培养一些兴趣爱好，让自己已经陷入常规化的生活能够多一些新鲜的元素和刺激。

然后，在分析问题的时候，要注意归因的“多元化”，不要片面地考虑自身“内在”的问题，而应先从“外在”的实际情况出发去解决问题。

譬如前面所举的那个对自己的工作存有诸多恐惧的案例，他要做的就是先集中精力提升自己的工作能力。通常情况下，外在的现实问题解决了，我们的心理问题就会随之消失。如果没有消失，你的心理状态还是很糟糕，这个时候就再从“内在”的角度开始思考。

此外，还要有意识地停止“无意义”的思考。如果你发现自己又陷入了对未来的过度担忧中，或对某些小事无休止的纠结中，要主动地强制停止这些思考，转而去关注些别的事情。

要做到这一点，需要我们理解“本来无一物，何处惹尘埃”这句话的内涵。

这个概念我们不从佛学的角度理解，而仅从现实的角度来理解——我们总是试图控制很多东西，事实上，有些东西是我们根本无法控制的。

任何事物——包括我们自身，都有其必然的发展规律，而“造作”的心态会给现实的事物加上很多期望和控制，这种总是想控制和影响外界的心态会令我们的心境跌宕起伏，对现实事物的具体发展毫无助益。

说得直白些——对于能改变的事物尽力去改变，改变不了就直接放弃；现在达成不了的就慢慢来，不要给自己加那么多“内心戏”，也不要给自己太大的压力。

换句话说，客观事物的发展和你的设想以及你的情绪波动往往并没有太多直接联系。如果你想达成某种目标，它只取决于你付诸了怎样的行动；而不在于你想了多少，产生了多少混乱的情绪。

如何正确处理你的负面情绪

01

情绪管理的本质是在理解和完全接纳自己情绪的前提下，能够理性地思考和控制自己的行为。

谈到情绪管理，人们常有两个根深蒂固的误解：

一、情绪管理只是负面情绪的管理。

人们只有在产生焦虑、愤怒、躁狂等情绪时才会想到需要管理自己的情绪。实际上，欢喜和愤怒其实是情绪的“一体两面”——我们需要管理的是情绪这一整套系统——如果控制不了自己的狂喜，那你同样也控制不了自己的狂怒。

二、情绪管理等同于情绪“压制”。

有不少人将情绪管理理解为怎样将自己的情绪“压”住。不少人在找我咨询情绪问题时，他们希望我能够告诉他们，当他们愤怒的时候该怎样才能不愤怒，当他们悲伤的时候该怎样才能不悲伤，当他们焦虑的时候该怎样才能不焦虑……

他们想要的是一种外在的、可以将他们自身的负面情绪“打败”的力量，或是希望能够有一种方法将他们的负面情绪彻底消除掉。

他们理所当然地认为，只要让情绪消失，或是将情绪死死地“摁”住，情绪就会乖乖听话了。

但实际却是，情绪管理如同治水一般，水是不可能凭空消失的，也更不可能被永久地堵住。情绪既然存在，那么在它存在的时候，我们就没有任何办法让它消失；情绪系统是人体的生理系统与认知系统交叉结合而成的，你根本无法压制它。

所有被你拒绝、逃避、压抑的情绪，最终都会到达情绪抑制的阈值，然后以一种更加猛烈、更具破坏性的方式爆发出来。

所以，我在一开始就说，情绪管理的本质，其实是在理解和完全接纳自己情绪的前提下，依旧能够理性地思考和控制自己的行动。

注意，这里不是让你用理性“压制”你的情绪，而是在理性层面上摆脱情绪对你的影响。

由此，我们才能够找到情绪管理的根本目的——不让情绪影响自我决策。

这句话意味着，学习情绪管理不是为了让你逃避自己的情绪和感受，也不是为了让你能够不再产生某种情绪。

无论你产生了多么糟糕的情绪，情绪本身都不是问题的根本。

因为情绪系统是人体的一种自我保护机制，你的各种情绪都只是自身各种内在反应的先发信号。

所以，真正困扰你的，真正令你觉得糟糕的并不是你的情绪，而是情绪带给你的感受，以及你对情绪的负面理解。

02

基于以上对“情绪”的认识，我们接着继续讨论如何管理情绪。

第一，正视并感受你的情绪。

绝大多数的“情绪问题”之所以会成为“问题”，最根本的原因在于人们对于自身情绪的刻意压制。

也就是说，情绪问题的关键不在于情绪，而在于刻意压制。

比如说，你是一个国王，传令官来汇报：敌人把王后抢走了，你当然会很苦恼。

那么令你苦恼的是什么呢？

是敌人抢走了王后这个具体的事件，而不是传令官向你汇报了这件事，对不对？

同样的，对于我们的情绪而言，情绪就相当于那个传令官，它的作用就是“提醒”。情绪的提醒作用主要表现在两方面：一是对外界异常的提醒，二是对内在异常的提醒。

比如，当老板黑着脸把你叫到他的办公室的时候，你会感到对危险的恐惧情绪，这是对外界异常的提醒。

又比如，当你在看一篇文章写到“工资低不配有女朋友”时，你感到愤怒，这是对你内在异常的提醒，因为你的愤怒其实反映了你将自己认定成了一个“工资低的人”，并且，你在恋爱方面也有过失败的经历。

虽然这篇文章说的不一定是你，但却挑起了你内在的、潜意识中的一些创伤或者不愉快经历。

情绪之所以难以管理的根本原因就在于这里——我们的内心世界和内在感受会与外在的现实世界相互作用，我们产生的情绪往往都是外界和内在因素掺杂在一起的。

这也就是为什么我们往往会在情绪面前手足无措，尤其是当一些情景引起我们内在创伤时，我们是绝不会承认那些创伤的。同时，为了逃避面对自己，我们会让自己被情绪控制。

既然如此，情绪对你提醒的目的是什么？

情绪提醒你，是为了让你能够去解决产生的问题，而不是令你纠结于情绪本身。

而“刻意压制”就好比传令官告诉你敌人把王后抓走了，你不去捉敌人，而是不停地惩罚传令官，或是强迫传令官告诉你王后没被抓走。

我们不愿意面对现实，不敢面对真实的自己，于是情绪就成了一个用来逃避真正问题的借口。

我们甚至可以认为情绪管理能力差的人，基本上都是自我接纳程度较低的人。

因为，刻意压制导致你无法面对真正的问题，问题自然就迟迟不能得到解决。于是，你的情绪便会一直不停地提醒着你，而你的情绪就变得越来越“暴烈”，直至这些情绪——你的焦虑、不安、愤怒，将会全面爆发。

自此，我们便知道了，情绪管理的第一步就在于面对、理解和接受你的情绪。

你要意识到情绪并不是你的敌人，你的痛苦不是情绪带给你的，而是基于你的认知系统，你的思维习惯，你久而久之形成的对于外部事件的自发性反应。

所以，你首先要面对自己的情绪，没错，你的确在愤怒，你的确在悲伤，你的确很不安……但那又怎样呢，你还是得接受它。

这个接受意味着全然地体会和感受你的情绪。

体会和感受情绪的过程，就是情绪不被随意驱使的过程。

我们的情绪之所以会令我们做出不好的行为，最根本的原因就在于，我们放弃了对自己的控制，任由情绪控制我们。

比如说当你愤怒时，你的大脑根本什么都想不了，你满脑子都是令你愤怒的人或事，以及将其毁灭的破坏欲。

这个时候，体会和感受情绪就意味着“你”要争夺对自己的控制权，当情绪成客体而存在，它便无法再控制你。

当你感受和体会你的情绪时，就意味着你与你自己的情绪分离了，你在感受和体会着它，而不是情绪变成了你。

对于一些来找我做情绪问题咨询的人，我最后都会建议他们做“体会练习”。

所谓体会练习，就是练习面对你的负面感受，在体会它的过程中逐渐地切断情绪和自我认知及决策系统之间的联系。

而且，当你能够体会和感受自己的情绪时，你会发现你的情绪好像瞬间消失了。

当然，我们的情绪系统和传令官有着很大的区别，最大的区别就在于，我们的情绪系统“太傻”，它经常会报错信号，所以我们还要进行下一步。

03

第二，分析你的情绪。

人有两套思维系统：

一套是自动化思维，即在千万年的进化过程和个人成长过程中形成的无意识的条件反射。比如，敲你的膝盖，你会下意识地踢腿；看到心仪的异性，你会下意识地衡量她或他是否符合自己的“心动标准”，等等。

另外一套是理性思维，也就是你对事物进行客观思考，然后再做决定的行为。

这两套思维系统在生活中交替影响着我们，而情绪属于前者，即情绪是一种自动化思维过程。

情绪系统有它自己的一套信息处理机制，这种机制会和你的认知能力自动对接。

比如，你认为蝙蝠是一种很可怕的东西，于是见到蝙蝠后就会害怕。

比如，你认为你老公不回你的消息就是不爱你了，所以你没收到他的回复就会觉得很担心。

问题就出在这里——情绪只会按照我们自身认知系统的标准做出反应，而我们每个人的认知系统中又有许多不合理的信念。

比如，恋人不回你消息就是不爱你了，别人和你持不同的观点时就是傻瓜，服务人员没对你说敬语“您”就是看不起你，等等，我们每个人都有着太多类似的不合理的观念，而这些不合理的观念，自然就会导致不合理的情绪。

我们为什么要分析自己的情绪呢？

因为，首先我们要确认从情绪系统中接收的提醒是否正确，然后才能决定如何去处理这些信息。

比如，传令官告诉你王后被敌人抓走了，你首先要做的是验证这件事的真实性，确定王后被抓是否属实，如果不是真的，那你就要和传令官沟通为什么会这样认为？我们在分析自己的情绪时，也是同样的道理。

先要弄清楚，我们究竟为什么会产生这样的情绪，是哪个人或哪件事令你产生了这样的想法和感受。

比如，你的妻子和你说，我们单位的小刘又勤奋又能干，听说上个月炒股赚了三十多万！

你马上就急眼了，他勤奋又能干，你怎么不跟着他过去啊！赚三十多万就了不起？指不定哪天就赔个精光呢！

这个时候你就要分析：妻子的话为什么会令你愤怒？

那是因为妻子的话令你产生了你不如小刘的感觉，你认为妻子是在向你暗示，她对小刘产生了兴趣，她认为你很没用。

在这个时候，你首先要做的是确认你的想法是否合理。也许，你的妻子仅仅是随口向你分享这件事，而你想多了。

更有可能的是你内心极度自卑，你很厌恶自己的懒惰、不求上进。而你妻子的这些话刺伤了你，刺伤了那个真实的、你一直不愿意面对的自己。

由此可见，唯有分析清楚情绪产生的原因，我们才能够真正地解决问题。

04

第三，用理性思考。

情绪管理最终的目的，是令你能够在情绪激动时切断情绪对决策系统的影响，转而理性地思考问题。

你能够学会不管多么悲伤、多么愤怒、多么恐惧，你的行动和选择都是由理性思维所做出的。

你能够意识到情绪的激动和理智的决断在本质上是两回事，任何时候你的决策系统都将情绪因素隔绝在外，这才是情绪管理的真正目的。

就像一辆车上有两个司机，理智司机负责掌舵，情绪司机负责侦查。

你以往的情况是，只要情绪司机发现任何风吹草动，你就马上将方向盘从理智司机的手中夺过来。而情绪管理就是训练你，无论遇到多么大危险，无论遇到怎样紧急的情况，你都必须让方向盘牢牢地握在理智司机的手中。你可以任由情绪司机疯狂地大喊大叫，也绝不能让他染指方向盘。

一方面，你要训练你的理智思维，让其始终掌控决策权；另一方面，你要不断地完善你的情绪系统，令情绪系统不断地调整对于现实情况的反应。同时，你也要不断升级自己的认知系统，只有合理的认知，才能产生合理的情绪。

我们来总结一下，情绪管理的练习究竟有哪些具体、可操作的练习方法呢？

第一，情绪体会练习。

当你陷入情绪中时，要全然地感受和体会你的情绪。

第二，情绪分析练习。

分析和思考情绪形成的原因，最好能够写在纸上：

你现在的情绪和感受是怎样的？

令你产生这种情绪的诱因是什么？

使你产生这种情绪的事、人或话给了你怎样的感觉？令你产生了怎样的信念？

这些信念是否合理？

第三，理智思维练习。

每一次情绪激动的时候，你都可以设想你的大脑现在就像一座宫殿，坐在正中间的是你的理智国王，旁边喋喋不休的是你的情绪传令官，你将情绪传令官赶出了大殿。于是，你的头脑被理智充满，当你思考的时候，你要有意识地将情绪、情感等因素排除在外。

需要提醒的是，情绪管理是一件需要花费很长时间才能养成的习惯，你必须从现在起就树立一个长远的目标。

在自我提升的道路上，最忌讳的就是想立刻得到反馈，并马上开始改变。

在教给你情绪管理的方法后，我还要告诉你，你要按这个方法练习至少两年时间，才能够随心所欲地掌控情绪，而不被其轻易影响。

这意味着，在你开始做这个练习的两年内，你都不大可能达到理想的状态。

很可能，只有在承受了两年的枯燥练习之后，你才能获得对自己情绪的永久掌控力。

如果你是讨好型人格

01

深入“讨好者”的内心，你会发现，其中都有一个过度敏感和脆弱的“小孩”。

我接触过不少的来访者都有着讨好别人的倾向。

几乎每一个讨好者都很清楚，讨好别人会让自己很累，会让自己受很多委屈，会让自己丧失自我，会让自己变得软弱。

讨好别人不仅是一件很没必要的事，而且还会对自己造成很多的损失。

尽管他们在理智层面很清楚讨好行为的负收益性，在实际生活中却无法停止对别人的讨好。

为什么会这样呢？

讨好者必备的一个特质是敏感。

他们超乎寻常的细腻心思，这种对于他人感受与想法的洞察力似乎是他们与生俱来的天赋。

他们总能十分敏锐地觉察到别人的需求，随时无条件地满足对方的需求。

他们总是非常无私，几乎难以拒绝任何人的请求。即便是一些无礼、过分的要求，他们也很难拒绝。“委屈自己，成全别人”这种事经常发生在他们的身上。

“讨好者们”似乎是没有需求的人。他们几乎从来不会提出自己对别人的期望、要求、喜好，或不赞成。他们也好像从来没有过什么想要的东西。

他们非常害怕和别人起冲突。他们会本能地避免一切可能会和别人发生冲突的情况，本能地逃避和别人发生竞争。

即便是和别人起了冲突，他们也绝对会是最先道歉的那一个。即便是别人的过错，他们也会先向对方道歉。

说到这里，又引申出了另一个点——讨好者其实根本不知道“到底是不是别人的错，自己到底该不该生气”。

讨好者总是试图营造出一种很温馨、很和谐的气氛。

如果不是进行过心理咨询，我想，绝大多数的讨好者只有在经历过一次甚至多次彻底的绝望之后，才能放下对别人的讨好。

02

那么究竟是什么原因导致讨好者难以摆脱讨好的心态呢?

最根本的原因在于，讨好者们对于安全感、别人的爱、别人的关注有着超乎寻常的渴望和需要。

大多数讨好者往往是在一种充斥着“不安全感”的环境中成长起来的，这倒不是说讨好者一定有一个一言不合就开打的父亲，或者一生气就将其丢下不管的母亲。

幼年时，他在玩伴中地位的高低；他在学校里是否遭受过不良少年的欺凌；教师对待他的态度，等等，这些都会令他形成一种时常担惊受怕的心态。

一个人如果在童年时期有过和别人发生冲突后被打、被侮辱，和别人争吵后被抛弃、被孤立，和别人意见不一致时被称为怪胎、异类，那么他就会对和别人发生冲突这件事情变得异常敏感，从而会竭尽所能地避免一切和别人发生冲突的情况，因为这样他就不用面对冲突可能会对他造成的“巨大伤害”了。

讨好者们总是难以拒绝别人的请求，因为他们害怕拒绝之后可能会和别人发生冲突。

出现了矛盾，他们总会先道歉，因为他们害怕矛盾升级为冲突。

他们也不敢提出自己的需求，因为害怕自己的需要会为别人带来麻烦、造成别人的不满和责备。

他们会热衷于维持一种表面上的和谐、温馨的气氛，只有在这种氛围中，他们才会感觉到安全。

另一方面，讨好者所有的讨好行为背后都有一个非常强烈的目的，或者说是信号，我对你这么好，你能不能也对我好一些？

讨好这种表面上看起来“利他”的行为，其最根本的动机大都是“利己”。

讨好者渴望别人对他好，渴望别人能够关注他，觉察他的需求，进而能够欣赏他、帮助他、关心他，甚至保护他。

对于讨好者而言，“我必须做得很好，别人才会对我好”“我必须成为别人期望的人，他们才会爱我”之类的信念，已经在他们的意识乃至潜意识中根深蒂固了。

所以，他们会觉得必须通过讨好他人，满足他人的需要，别人才会关注他、欣赏他、关爱他。

假如一个讨好者不喜欢工作的时候被打扰，他自己是不会在别人工作时打扰别人的。

假如他不喜欢被严格要求，他就会对别人的要求非常宽松。

假如他希望在出现冲突时别人能够理解和接纳他，他就会先去理解和接纳别人。

讨好者们很难亲口向别人表达自己的需要和要求，他们总是试图通过自己的行动来“暗示”对方，我在你难受的时候陪伴你，是希望当我难过的时候你也能来陪我。

我在你发言无人响应时回应你，是希望当我面对这种尴尬的局面时你也能帮我解围……

但许多时候，别人很难察觉讨好者的“良苦用心”，这也让讨好者们陷入了强烈的沮丧、失望、委屈、痛苦的情绪之中。

03

那么，究竟该如何改变讨好型人格呢？

归根结底，讨好型人格形成的根源，在于三个错误的核心信念：

1.我很弱（我还像小孩子一样脆弱）。

2.我必须要做些什么，别人才会爱我。

3. 我不配提出自己的需求。

此外，在讨好者的潜意识中，始终认定自己是一个“孩子”。

也许是早年的创伤与恐惧影响太过巨大，被抛弃的害怕，被忽视的失落，被打骂的伤痛，这些创伤都深深地留存在了他的潜意识之中，然后随着时间推移，逐渐延伸到其人际交往的方方面面，导致他一旦和别人出现一点儿冲突，就会马上“退行”到童年时的心理状态。

很多问题和病症其实本身并不是多么严重，而是有这些问题的人将它们看得太过严重和恐怖，并十分坚定地认为自己受到了非常重大的伤害，于是问题就被夸大到了“无法解决”的程度。

从某种程度上说，这其实是当事人逃避问题的一种手段。

“这个问题太难了，我解决不了。”给自己这样一个理由，就能让自己放弃，而不用再想其他办法来解决问题，或是可以让别人帮自己把问题解决掉。

所以，讨好者想摆脱讨好困境的第一步，就是要意识到，我已经不再是当年那个脆弱的孩子了。

你是一个成年人，你拥有足够的自理能力。任何一个超过十八岁，没有身体残疾或病症的人，只要还存在“没有父母（或别人）我就活不下去”的想法，都是在逃避责任。

你知道为什么你会不由自主地讨好别人吗？你知道为什么你害怕和别人起冲突吗？你知道你为什么不敢拒绝别人吗？

因为，你真正害怕的是死亡。

死亡是人最强烈、最根本的恐惧来源。

在你的童年时期，你认为如果不讨好你的抚养者，你可能会被抛弃，而这对于一个没有独立生存能力的小孩子而言意味着——“死亡”。

这一原始恐惧，是你今后所有人际关系中恐惧的根源。

之后，你又错误地把童年时对死亡的恐惧带入成长中所有的人际交往中，还一直把自己当成那个要依靠别人才能活下去的脆弱小孩。

而现在，你必须彻底地认识到这一点，你早已不再是一个脆弱的小孩子了。

所以即便别人抛弃了你，即便你和别人发生了冲突，即便你向别人表达了你的不满，你也不会死。

第二点你要意识到的是，追求别人的爱或者关注是一件无意义的事。

一个人在童年时期能否得到父母无条件的爱，会对这个人的一生造成巨大影响。

得到父母足够关爱的孩子因为能够得到即时满足，所以，他们在成年后大都不会有那种极度匮乏爱的心态，也不会对得到别人的爱有太多的执念，因而也不会太在乎别人是否爱他、关注他。

而没有得到过父母足够关爱的孩子，则会由于童年时对爱的需求未被满足，而对别人的爱有一种超乎寻常的执念，他们会拼命地寻求机会试图弥补童年时的遗憾。

但是，对于现在的你而言，无论怎样，过去的遗憾都是无法弥补的。

你已经错过了得到无条件的爱的年纪，就像你十岁时非常喜欢芭比娃娃，但从没得到过它，现在你赚了钱，给自己买了一整间屋子的芭比娃娃，也不可能弥补你十岁时的遗憾。

我知道说出这一现实有些残忍，但对于讨好者而言，想要摆脱惯于讨好的困境，认识到“我不可能得到别人无条件的爱”这一点非常重要。

第三点你要明白，你必须尊重自己的需求，因为没有人会主动来满足你的需要。

对于讨好者而言，直接讲出自己的需求是一件非常困难的事，所以讨好者们大都特别向往那种人际关系很和谐，别人对自己很热情、很照顾的环境。

因为处在这样的环境中，他不需要开口，别人就能理解和回应他了。

但讨好者所渴望的这种环境，本质上是一种“边界混乱”的相处模式，即他能为别人负责，别人也能为他负责。

不清晰的边界，只存在于父母和未成年的孩子之间，讨好者有这种渴望，正是因为童年时安全感的缺乏。

一个人成熟与否的主要标志，就是看他是否建立起了完整的自我边界，是否能够独立地为自己负责。只有孩子才会不停地在意别人有没有关注他，才会要求别人来满足他的需要。

所以对于讨好者来说，首先要意识到，如果你不亲口说出来，别人很难知道你的需求。因为别人不可能一直把注意力放在你身上。

打个比方，五岁时，妈妈抱着你去逛街，看到卖冰糖葫芦的，你很想吃，但又不好意思和妈妈说，所以就一直撇嘴，希望妈妈能够看出你的不高兴，并为此给你买冰糖葫芦吃。但妈妈根本就没看到你在撇嘴，即便看到了，她也不可能想到你是因为吃不到冰糖葫芦才撇嘴。

成年之后，如果你还试图通过撇嘴来告诉别人你想要什么的话，这就更不可能得到回应和满足了。因为别人不是你的母亲，别人也没有必要去在意你的需求。

你应该明白，妈妈看不到你的撇嘴，别人不在意你的需求，这绝不意味着你的需求是不重要的，你的需求就不应该被满足。

不要试图给自己任何理由来论证自己需求的合理性。

不需要理由，不需要条件，你想要什么，你去做什么，只是因为你在想，仅此而已。

04

在认知层面上，我们已经针对三个核心的信念找出了针对性的措施。

但你必须在行动层面上坚持执行了之后，才能真正将这些信念内化到自己的心中。

即便你现在非常清楚，你想要什么根本不需要任何理由，你完全可以理直气壮地表达你自己的需求。但是当你在和别人起冲突的时候，你还是会感到害怕；你在想拒绝别人的时候，还是难以说不；你希望伴侣对你更好一些的时候，还是无法说出口。

那你要怎样才能从行动上逐渐改变自己的讨好行为呢？

其实非常简单，你可以找一张纸，把你的所有讨好行为全部列出来，然后逐条停止就可以了。

有些人可能会说："道理我都懂，我也知道该怎么做，但我就是做不到怎么办？"

我的回答是："不可能。没有人会拿着刀逼你，不允许你改变，你所说的不可能，往往只是'不想去做'罢了。"

许多讨好者习惯了逃避问题，这也是他们难以摆脱讨好心态的原因之一。

想改变，就去做；不愿意做，就改不了。

与其讨好别人，不如讨好自己。

你找到所谓的安全感了吗

01

据说，在一些原始部落里有着这样的传统。

当一个男孩长到十岁时，部落里的男人们会戴上面具，扮成怪兽，在一个深夜将这个孩子从他母亲的怀中抢走。

母亲会在这个时候努力保护孩子，但在一群怪兽面前，她无能为力。

这个仪式是为了在潜意识层面告诉孩子，妈妈无法保护你了，你不能再依赖妈妈了。

这是男孩和他的“安全基地”完成分离的第一步。

接下来，这些部落长辈扮成的怪兽，会把孩子驱赶到树林里。

他们恐吓他、鞭打他，使孩子进入一种Trance（迷幻、催眠）的状态。

然后，长辈们通过仪式，或者分派任务的形式，来彻底摧毁这个孩子的安全感，摧毁他对恐惧的逃避。

通过这样的洗礼，“男孩”就已经在精神层面上死亡了，他涅槃重生为了一个“男人”，然后他将跟随长辈们学习制作工具、狩猎和战斗等男人要做的事情。

如果这个仪式失败，男孩在仪式中没有“浴火重生”，顺利成长为男人，那么部落里的长辈就会将他杀死。

因为他们不能指望仍旧还是“孩子”的男人来保护自己的部落。

02

心理上“未成年”的人，一个重要特征是：在潜意识中将追求“安全感”作为第一需求。

也就是说，哪怕这个人的生理年龄已经成年，但在他的内心深处，仍然会对外界抱有一种恐惧，他做任何事情都会以“让自己感到安全”作为第一需求。

于是，我们会看到，许多“心理未成年”的成年人都拥有这些共同特征：

他们害怕风险，做选择时永远倾向于保守、消极的选项。

他们十分敏感，再小的事情也会让他们的情绪产生剧烈波动。

在人际交往中，他们始终无法找到令自己舒服、放松的交际方式。

他们很难确定地、不放弃地去追求一个恒久的目标。

他们无法全身心地投入自己要做的事业中去，而总是不断在心理上自我内耗。

他们还很难感受到生活中的快乐与幸福，因为对安全感的追求，会令他们始终无法彻底地享受和投入生活。

其实，能够在精神层面完成由“孩子”到“成熟”转变的人并不多。

为什么会出现这种情况呢？为什么很多人都无法完成这一心理上的成长呢？

人能够在心理上蜕变、成熟，通常会有以下四种原因：

第一，童年时，这个人父母的人格就非常成熟，他的父母懂得在给他足够“信任”的前提下，给予他充分的去经历风险的空间。

这种情况下，这个人就能够在一个很安全的环境下，不知不觉地卸载掉对安全感的需求。

第二，这个人童年时经历过非常重大的创伤，然后，通过这次创伤，他会领悟到一种生命的“虚无”。

这个“虚无”，意思是世界在本质上的无意义，于是他看破了对虚幻的“安全感”的无谓追求，自然而然就无所畏惧了。

但是这种情况是存在风险的。许多人通过创伤领悟虚无的同时，创伤带来的恐惧或悲伤会深深地烙印进他们的灵魂，成为他们终其一生都难以放松，更难以无畏地做自己。

第三，这个人天生就对世界抱有强烈的好奇心。

这种好奇心会令他的注意力始终集中在他所感兴趣的事物或领域，对于这样的人来说，“安全感”是一种对他来说没什么意义的概念。

第四，人在进入大学或者初入社会时，会拥有一次迈向成熟的机会。

背后的原理是这样的：我们之所以始终执着于追求安全感，原因之一在于我们周围的大多数人都是这个样子的，尤其是当我们还在校园中时，周围的人都是同我们一样的“孩子”，所以事实上，我们并没有真正见识并接触过“成年人”的生活方式。

父母、长辈等已经为我们所熟悉的“成年人”，我们对他们的认知已经定型，所以无法从他们身上获得更多的陌生人才能带给我们的对生活认知的冲击。

如果你在大学或步入社会后，拥有了更为丰富的社会体验、更为丰富多彩的人际关系，那么，这也许能够破除你对安全感的执着。

因为，你会通过接触多种不同类型的人看到并了解多种多样的生活方式，这会打破你原先狭隘、固化的生存理念。于是，你会在不知不觉中，完成对于安全感的“卸载”。

03

但问题在于，以上四种情况并不常见。对于多数人来说，我们可能并没有心智足够成熟的父母，也没有足够安全的生存环境。

在我们成长的过程中，无论是在自己的原生家庭，还是在学校中和其他人相处，总会遇到攻击或伤害等。

当我们承受来自外界的伤害，却又因为生活阅历不足，不具备足够的应对经验，同时也没有合适的人给予我们保护时，那么“追求安全感”这样一种信念就会固化下来，并贯穿于我们今后的生活中。

但是，不管基于何种原因，在最根本的层面上，对安全感的追求，本质上是因为我们没有完成与自身感受和情绪的分离，从而使我们成了感受和情绪的奴隶。

换句话说，追求“安全感”的背后，反映的是一个人没有认清“感受”的真相。

安全感、愉悦感、自我效能感、孤独感、恐惧感等，这些所谓的感受，其实都是不可控的。

这些感受是我们的身体处在外界不同的情境中，会做出的本能反应。

这些反应一方面有充当提醒信号的作用，另一方面，还有充当身体激素分泌“调节器”的作用。

然而，很多人没有意识到，“感受”在某种意义上并不是实有的——它只是我们主观上的一种感受。

事实上，我们很难“控制”自己的感受，一方面是因为情绪和感受本身就是“无常”的，会不断地波动；另一方面在于感受都是我们处于某种情境下，生理与心理综合作用而形成的一种反应。

一个没有安全感的人通常会心心念念地想要找到令自己能够

“拥有”安全感的方法，但事实上，并没有这种方法。

那些成熟的、心智强大的人，并不是通过什么方法“拥有”了安全感，而只是意识到了感受和情绪都是“非实有”的。他们学会了不再被“不安全感”所摆布，不再为了满足自己早年的种种未完成的渴望而疲于奔命。

他们清晰地知道，如果一个人永远地局限于自己小小的、内在的心理世界，他们将永远无法拥有丰富多彩的人生。

怎么理解这层意思呢？

富兰克林·罗斯福有一句名言：我们唯一恐惧的，就是恐惧本身。

多数时候，当我们感到害怕的时候，并不是因为现实中有什么恐怖的事情要发生，而是因为我们产生了恐惧的感受，并因此认定有恐怖的事情将要发生，因而更加恐惧。

比如，当我们看恐怖电影时，被电影营造的恐怖气氛所感染，认为恐怖的场景即将出现，所以才会越来越恐惧。

再比如社交恐惧，当事人因为担忧自己在社交中会举止不当而害怕与人交际，但正是因为他的这种恐惧，才让他在社交中表现出那些令他无法接受的行为。

如果他在一开始就没有恐惧，那么就不会出现那些不得当的行为。

由此，我们便能理解，所有的情绪和感受本身都难以被我们直接控制，我们很难通过刻意的努力让自己拥有或消除某些感受。

对于感受，我们能做的只是学着不去受它们的影响，专注在具体的、实际的生活中，而不是被感受与情绪裹挟，成为那些在本质上根本无法被满足的虚幻的感受的奴隶。

04

不成熟的人，他们潜意识中的第一需求就是为自己的感受服务。譬如，本文着重探讨的安全感。

当你花费了大量时间去追求自己感受上的平衡和愉悦时，这其实并不能给你带来真正的愉悦，反而会阻碍你去感受真正的快乐。

为什么会这样呢？

因为当一个人以安全感、自卑感等感受作为生活的重要衡量标准时，他就不再能够从生活中所发生的事情本身获得真实的体验。

他的不安全感、自卑感会渲染到他生活中的绝大多数事情上，令他无法如实地觉察事实。

比如，一个人玩《王者荣耀》，如果这个人想充分地体验玩游戏的乐趣，他必须心无杂念地、纯粹地投入游戏之中，他在投入的时候是“放松”的，是带有“享受”心态的。

但一个总是在追求安全感的人，他在玩这个游戏的时候根本无法去“玩”，因为他无法放松，他不敢肆意地、充满激情地享受游戏。他只会小心翼翼地盯着死亡数、人头数，怕自己“死”的次数太多，因而被队友骂。

出于这样的心理，他首先考虑的并不是怎么赢，而是怎样让自己“死亡”的次数少一些、数据好看一些，这样谨小慎微地玩游戏，怎么可能体会到玩游戏的快乐呢？

其实这个道理和我们的生活也是相通的。一个总是追求安全感的人，他肯定很难从生活中感受到快乐，因为快乐的第一前提就是放松，始终不敢放松的人根本无法享受真实的乐趣。

一个成熟的人，他潜意识中的第一需求不再是安全感、自卑感等感受，他会关注具体的、现实的事物，从某种程度上说，他已经在一定程度上开始“无我”了。

他不再执着于自己狭小的内心世界，他会关注他人、关注具体问题、关注现实世界。

这种“无我”并不是谦逊的舍己为人，或者“觉得自己很渺小”，而是因为他意识到整天纠结于自己的这些感受毫无意义。

他发现不管自己追不追求安全感，事实总是那个样子。

事实不会因为你拥有了安全感就变得更好，也不会因为你没有安全感而变得更坏，事实的发展只取决于你付诸了怎样的行动。

因而，他们开始关注具体的现实，开始追求“自我实现”。

这种“自我实现”也可称之为使命。当一个人真正成熟时，他会决定用他接下来的生命的大部分时间来做一件“大事”——一件他认为最有意义、最能体现个人价值和思想的事业——而这也是一个人走向卓越的开始。

拖延症的确诊与治疗

01

“我知道他是个浪子，但我就是无法离开他。”

“我知道还有两周就要交论文了，但我就是不想写。”

“我明白这件事急不来，但我还是会忍不住焦虑。”

“道理我都懂，但我就是做不到……”

这些普遍性的问题之所以如此普遍，有七个主要的形成原因：

1.“懂”和“执行”之间没有必然的联系。使你行动的不仅仅是理智层面的懂得和理解。

在许多人的认知里，仿佛“懂得了”就一定能“做到”。

当我们试图让一个人有所改变的时候，几乎所有人所用的方法都是劝说。仿佛只要把对方说通了，给他说明白了，他就能够做出改变。

另一方面，也因为将懂得与执行挂钩，导致许多人在“知道但做不到”的情况下产生了一定程度的焦虑。

2.你懂得的这个道理可能带给你的结果，并不一定就是你真正想要的。

许多人的焦虑和痛苦是出于一种不切实际的渴望，笼统地渴望“变得更优秀”“变得更好”，或是由于对别人的羡慕而将一些道理与方法套用在自己身上，但却始终达不成目标。

还有不少人是由于幼年时期被父母、老师等给予了太多高标准的要求，导致其形成了一种过度追求完美和理想化自我的倾向。

比如，许多处于考研阶段的人都非常焦虑，一方面，他知道自己应该静下心来好好学习；另一方面，他又总是在该学习的时候不停地玩手机。日子一天天过去，心里越来越着急，但行为上却无法做出改变。

紧接着，他们完全被焦虑和恐慌裹挟着，不知道该怎么办。很少有人会回过头来想一想，自己考研究竟是为了什么：为了逃避找工作的压力？为了一个好大学的研究生学历？或者只是看周围同学都选择了考研，自己只是随大流？

3.“懂得”仅仅是“理解”，“理解”只是“理智性领悟”，想要真正行动起来，你还需要达成“情感性领悟”（或称“有效性领悟”）。

也就是说，尽管你在理智层面上理解了，但你的内心其实还坚定地相信着之前的那种认知。

人类拥有理性，但问题在于，为我们做事情提供动力的往往并不是理性，而是情绪、情感、激情、憧憬等感性层面的要素。

所以，从某种意义上讲，我们是由理智与情感这两个分裂的部分组成的，而且二者还时常会出现冲突。

比如，非常多的人都在渴望“成功”，但不管你在理智层面上对某种事业的成功有多么渴望，不管你多么清楚获得成功所需的步骤，如果你无法发自内心地热爱这份事业，如果你不能在感性层面上对你所做的事情充满激情，那么，毫无疑问，你会陷入懈怠和拖延，最终可能什么都做不了。

4. 我们的大脑会一刻不停地盘算着“怎样将痛苦和付出最少化，怎样将享受和快乐最大化”，我们会本能地喜欢和倾向于待在自己熟悉的舒适区。

知道一个新的道理，做出一个新的改变，往往意味着你要跳出自己的舒适区，去经受一定程度的痛苦。

可总有些人不愿意付出努力，也不想承受痛苦，只想一觉醒来之后自己就自动地改变了。

但我们只会“想”，只会用幻想去满足自己，缓解焦虑，很难在行动层面上付出任何有效努力。

“我知道我应该离开这个不爱我的男人，可我就是做不到。”

事实上，并没有人拿着刀架在这位女士的脖子上，告诉她你要是离开这个男人我就杀了你，所以，“可我就是做不到”这种说法本身就是一种逃避。

如果你继续问下去：“你为什么做不到呢？”

她一定会说：“因为离开他真的太痛苦了！我觉得我承受不了！”

你告诉她：“你不离开这个人，以后会更痛苦。”

她会说：“那是以后的事，以后的事谁说得准呢？”

很多人和这位女士一样，他们总是渴望一种不痛苦就能达成改变的方法。

但实际上，改变往往都伴随着失去和痛苦，或者说，痛苦本身就是改变必不可少的一个环节。

5.不理解推导过程和必要前提，不清楚选择带给自己的切身后果的道理，不具备任何说服力。

你知道拖延不好，你知道行动比空想更重要，但是这些对你没有一丝一毫的用处。

因为你并没有真正理解，你的思想境界没达到这个层次，或者你自身的经历还不足以让你彻底地理解：拖延究竟为什么不好？拖延的原理和机制是怎样的？拖延究竟会给你造成怎样的影响？继续拖延的后果有多严重？

而这些却是“拖延对你不好”背后的逻辑支撑。

多读书为什么有好处？读什么样的书？按照什么样的计划读？怎样通过阅读建立自己的知识体系？怎样读书效率最高？

这些都是“读书对你有好处”背后的逻辑支撑。

为什么很多人要在经历一些事情之后才会感慨，我现在才算是真正懂了 ××× 告诉我的道理？

在大多数时候，只有亲身经历一番，才能让一个人真正体会到一个道理背后的所有内涵和延伸，只有这样，他才能真正地理解“为什么会是”且“为什么要”这个样子。

要想摆脱拖延，只知道拖延不好是不够的，你还需要从自己的行为模式、心智模式、思维习惯等方面来审视这个问题。你需要找到问题的根源，也许拖延只是一个表现，在其背后真正的问题是你对你所做事情的抗拒。

绝大多数情况下，许多人都会用“战术上的勤奋掩饰战略上的懒惰”，你想逐渐养成早起的习惯，但你只会一次又一次地下定决心，然后定个闹钟。

你从没有好好地了解自己的睡眠习惯，你也不去学习和了解饮食、运动等因素对睡眠的影响，也不愿意给自己制订一个具体的、可执行的、能令你一步步达成目标的计划。你只想靠着一时的一腔热情就想轻而易举实现目标，一旦你发现没有实现目标就会很快泄气，并一蹶不振。

这样的努力其实是无效的，只有针对问题做出明确且详细的分析，制订具体的、可执行的计划，然后按部就班地执行，并适时地进行调整，才是真正的有效努力。

7.你所懂得的“道理”和你目前的认知系统和思维习惯并不兼容，甚至存在冲突，导致你在某些问题上会处于矛盾与挣扎的状态，进而无法做出行动。

“我知道你说得是对的，但我还是无法接受。”这就是一种非常典型的外界信息与自身认知系统不兼容的情况。

人的认知系统是一套逻辑严密、不同部分之间有着紧密联系的系统。但同时，我们的许多认知习惯和行为习惯又由于长年累月的强化而各自为政。

这就是为什么改变对于每个人而言都是非常困难的，这也是改变总是伴随着痛苦的原因。

因为，每一次改变首先都或多或少地涉及你整个认知系统的调整，另一方面你还要与你多年形成的积习做斗争。

所以，当我们试图把接收到的新信息、新道理纳入并内化入自身的认知体系中时，总要面临不小的困难。

02

那么，我们如何才能“知道了就做到”呢？

我试着总结了六个具备普适性的方法：

1.清除自己的懒惰、悲观、短视、依赖别人、极端等负面特质，这些对你的阻碍最大，因为它们与绝大多数的道理都不兼容。

每个人的身上都会有一到五个对其影响巨大的负面特质。你会发现，你人生中的许多时刻都是在被这几个负面特质困扰。这几个负面特质经年累月地围绕着你，有些甚至已经成了你的习惯。

你所要做的，是回答下面的问题：在你的生命中，对你影响最大的几个负面特质是什么？是如何形成的？你要如何有计划性地改变或根除它们？

2.主动进行大量的学习与积累，扩大你的视野，加强你对事物的洞察力。

偏见和执念通常来源于无知，不断地扩大知识面和视野能够让你在看待问题时更加深入和全面。

3.将自己逐渐调整到一个易于接收新知识和观念的状态，建立起一种开放式的心态。

4.逐渐培养用理智主导行动的习惯。

你要重新调整和摸索理智与情感的交互方式，要能够让你的理智驾驭你的情感和激情，令你的热情和感性为你所用，而不是不停地同你抗争。

5.制订可执行的计划。

“具备可执行”的计划是有效行动的开始。

一个计划有效的前提是你要先了解你自己，你不能只针对你想改变的地方硬来。要记住，你是无法强迫自己的。你必须看得长远一些，给自己足够的时间，从最基本、最微小的改变开始。

6.持续练习，让新观念逐渐替代旧观念，用新的行动逐渐替代旧的行动。

唯有持续的练习才能带给你深入且扎实的改变，不仅是行为，认知习惯的改变也需要你有意识地自我提醒与矫正才能实现。

这个时候你可能会说，你说的这些都是废话，谁都知道持续的练习才能真正改变，但问题是，我坚持不下来呀！你只有告诉我怎样才能坚持下去才算真正有干货，否则也只不过是一碗空洞无物的鸡汤罢了。

对此，我要说的是，人的改变是一个循序渐进的过程，你需要先完成第一步的基础，才能进而处理第二步的问题，在第一步都没有完成之前，你对于第二步的理解和认识都是偏颇的。所以，如果你没有完成第一步，你也不可能将第二步完成。

也就是说，清除阻碍、大量学习、开放式心态等，这些都是你能够持续练习的必要前提，在这些前提条件未实现的情况下，你不可能理解怎样才能持续地练习。

另外就是，单纯地依靠书本上的理论和道理，你永远无法获得成长。

即便某些理论或道理在你生活中的一些特殊时刻帮到了你，那也只是因为你在此之前做了恰到好处的积累。如果你现在的思想境界和心智水平还不足以达到某个特定的水平，那么无论多么精辟的理论对你也是毫无帮助的。

归根结底，怎样才能让你真正改变，真正成长呢？

我想只有一样东西——那就是经历。

唯有生活本身，才是真正的生活。

唯有你自身的经历才能给予你最真实、最全面的感受和体验，唯有经历才能令你真正理解和体悟从书本上看到的理论和道理。

从这个角度来说，体会到什么是生活，你才会明白与之对应的道理。所有的经验只不过是我们对于复杂生活的一个不准确的总结，没有任何道理能够真实地反映出生活的本质。

为什么有些人年纪轻轻就老了

01

人心理的“老化”其实和生理年龄毫无关系，有的人可能在很年轻的时候就已经开始“老”了。

心理老化的表象，是一个人失去了开拓进取的勇气，做任何事情都很保守，偏向于维持现状，甚至是只要事情不变得更糟就好。由此，他从不愿意做任何有风险的事，并且抗拒、畏惧风险。

心理老化的本质，是因为这个人的全部精力和全部努力都放在了“维持内心的感受和情绪”上。

理解这一点非常重要，如果你仔细思考这句话，会发现其实“心理老化”这个概念的实质并非是指你心理的某种状态，而是指你注意力的“倾向对象”。

我们常常可以听到“你要充分地享受和体验生活”之类的建

议，但问题在于，一个人如果想“充分”地享受生活，其实最需要注意的两点是：

1.这个人并不试图维持自己内心的感受和情绪。

他并不会始终将注意力放在自己的感受上，不会总想着将自己的感受“调控”成一种“小确幸”“小安全”的状态。

因为，人一旦试图控制自己的感受，那么你的“感受振幅”必然就会变低。

比如，正常情况下，你的情绪波幅可能是-100~100。但当你试图去调控自己的感受时，就会使你期待的波动幅度变为-50~50，甚至会导致你对自己的感受产生恐惧、回避甚至是刻意压制。

你可能会害怕或刻意规避自己产生过于“强烈”的感受，你的本意也许是为了避免自己体验-100的负面感受，但这同样也意味着，你无法感受+100的正面感受。

2.这个人并不厌恶风险，不会总想着规避所有的风险，也不会试图让自己的生活总处在可控、熟悉、无风险的状态中。

有人可能会说，规避风险难道不是人的本能吗？每个人都想规避风险，让生活变得更为可控。

但只要我们仔细观察一下周围的人对于同样一件小事的反映，你就会明白，人与人的差距是巨大的。比方说，一个教室里的学生们正在进行晚自习，突然停电了，有的人马上会觉得焦躁不安，怎么停电了？天啊！这可怎么办？有的人则对此无动于衷，会耐心地等待教室的灯重新亮起来。

想要规避风险的确是人的本能，但问题在于，每个人对于风险的态度是不同的。

就好比两个人明天都要去面试，一个会想，明天这个面试非常重要，我要好好准备，然后他就去好好准备了；另一个会想，明天这个面试很重要，我一定要好好准备，千万不能出错！于是，他就带着一种焦虑的心情，一心想要“好好准备”，结果纠结了一夜。

我们都知道，人类本能地会规避风险，但是“强烈地不愿意面对任何风险”和“你将风险视为正常、应该尽力解决”，这两种规避风险的心态是截然不同的。

上面所论述的两点“不要试图维持自己内心的感受”和“不逃避风险”其实是对同一件事情的不同描述。

你总是试图保持自己内心的安全感，自然就意味着你要不断地试图规避风险。

至于这种心理模式的成因，我们不得不借用一些看似“过时”了的所谓“精神分析”的套路。

人的心理发展是呈“阶段性发展”的。正如人类社会的发展必须在原始社会的发展之后才能进入封建社会，必须完成封建社会的发展才能进入工业社会一样，人的心理发展亦是如此。

“自我保护”，是人类的心理发展最基础也是最初级的一个阶段，作为基因自我复制的载体，“自我保护”是人类最根本的需求。

分析到这里，问题就出现了——这个问题既是人心智不成熟的原因，也是我认为人可以跨阶段实现“跳级”发展的原因。

这个问题就是——人的主观意志。

02

人的主观意志，是建立在复杂的自我反思、自我觉知的认知能力之上的。

这里我们不得不提到“模拟世界”这个概念——即人主观上所认知的世界，是对客体世界的简化模拟，这种主观上的“模拟世界”和客体上的现实世界存在着巨大的区别。

最根本的区别就在于——模拟世界本质上不需要逻辑上的自洽，我们的诸多认知都是不合理的。

但是，这些诸多不合理的认知，由于“我执”（佛教术语，通常被用来描写“我”的产生与发展的整个过程）的存在，而不会被我们轻易地意识到。这也是导致我们经常会坚持自己错误认识的原因。

这一点，是很多人年纪轻轻就“心理老化”，变得“保守”，无法享受生活的根本原因。

当然，这也是人之所以难以改变的根本原因。

就比如我明确知道自己应该规律作息，坚持锻炼身体，但我却始终做不到，其实最本质的原因就在于我有着太过强烈的“我执”，而这种“我执”导致我其实压根就不愿意改变这个“我”。

理解了这一点之后，我开始每天进行十分钟的静坐，坚持了一段时间之后，我便发现自己的执行力大大提升了。通过静坐，我彻底理解并接受了人类的身心是一体的。如果你认知上明白而行动上却做不到，这就和你的身体状态有很大的关系。

我并没有强逼着自己直接去规律地作息，而是先让自己的身体和心理都进入一个“自律”的状态。然后，你想控制自己去做什么、不做什么就会失去很多阻力。

回到主题，每个人本能的“我执”，会令我们执着于自己错误的认知而不愿意改变。而且，那些早年经历造成的对于事物和外界的认知，会在人成年后一直保持。

其实，并不是早年的经历塑造了一个人的最终性格，而是许多人执着于“自我”这个概念，紧紧地抓着自己早年的经历不愿意放手。

我从2017年开始，参加了很多心理培训班，学到了很多最新的心理学理论，其中有一个理论我印象深刻——当你回忆起自己过去很多经历的时候，如果感到悲伤，你需要接受这些悲伤的感觉。

我根据这个理论做了很多事情，包括忽然给母亲打电话，愤怒地控诉自己童年时遭遇的不幸。做了这些事情之后，我自以为“疗愈”了自己。

但后来，我越想越觉得不对劲。现在我才明白，其实我早年过得并不是多么凄惨，但是在学了诸多心理学理论以及做了许多心理咨询之后，那些过去积存的负面情绪被放大了一百倍，我将自己的过去定位成一个“无辜的小天使”，觉得全世界都应该照顾我。然而，这个世界却充满险恶，弄得我遍体鳞伤。

实际上，人的许多痛苦和创伤，本质上都是自己造成的。我们只会根据自己有限的经历和所接受的教育给现实世界预设太多理想化的“应该的框架”，而一旦发现这些框架不符合自己的要求时，就会觉得自己受到了伤害。

我现在更多地相信，我内心的许多痛苦都是我自己造成的。

其实，一个人想要改变自己的想法和观点是再容易不过的事情，关键在于他自己要先“想要”。

解释这一点，我们需要举个例子：

我二十岁的时候失恋了，当时我非常痛苦，一直纠结于对方为什么不爱我了？

但如果现在我谈恋爱受了伤，哪怕我在情绪感受层面上非常痛苦，但我的大脑一定会非常清醒地告诉自己，分手是因为我和对方潜在的择偶观与心理框架不匹配。

当我这样想时，我就不会再觉得那么痛苦了。

当我感到痛苦时，当我发现自己的行动跟不上自己的想法时，当我产生诸多毫无实际意义的焦虑时，只要我承认这一切都是我自己造成的，便能迅速发现事物的本质，然后发现是我太执着于过去的很多经验和习惯，对很多事情做了不切实际的预设，没事找事，然后不断地试图解决这些我自己“找”出来的事。

在这里，主观意志的可塑性就体现了出来：我可以认为我恋爱受伤是因为对方不爱我，也可以认为这是单纯的三观不匹配而已。从某种意义上说，这两种认知都没有错，就看我会执着于哪一方面。

如果你现在尝试着去体会这两种不同的认知和感受，然后尝试着切换这两种不同的认知，你会发现，只要你想，你随时都可以让心绪自由切换。

事实就是如此，因为你的心自始至终都是自由的。

当你迷茫时，该干些什么？

01

你需要“平静地独处”。

我这些年越来越理解的一件事就是：很多时候，“不做什么”比“做什么”更加重要。

一个人感到迷茫，往往是由于对未来失去了方向，不知道自己该往哪里去，不知道自己该做什么，这个时候，他自然而然地就会对未来产生恐慌和焦虑。

基于这种情况，他会本能地想要“做些什么”来缓解，掩盖和躲避自己的焦虑和恐慌。

有些人会选择用工作、健身、看书等所谓“上进”“努力”的事情来掩盖焦虑，他们会认为，当他们在看书、健身、工作的时候是在“变好”，于是就能够在心理上获得一种“最起码我是在往好的方向前进”的“幻觉”。

这样，他就能短暂性地有一个方向和目标，“好像知道自己该往哪儿走”，于是就暂时性地不那么焦虑了。

也有人会选择用网游、放纵等来麻痹自己，他会不断追求从中获得的快感，从而忽略自己对未来的担忧和焦虑。

总而言之，我们会拼命给自己设置一个目标来追逐，从而能够确认自己的存在，不至于被焦虑和恐慌吞噬。

但事实上，我们的内在又好像是“分裂”的：一方面，你“想”追逐这个目标；另一方面，你又“不想”去做这件事。

或者是，今天你给自己制订了一个为期一周的目标，周一和周二你执行得很好，但到了周三，你便丧失了热情，并对实现这个目标失去了兴趣。

那个“想去达成目标的你”就会变得很焦虑，甚至忧心忡忡。

但这种焦虑又不仅仅是由这一件事引起的，更多的时候，你是被“如果以后我都是这样了怎么办”“我要是永远像这样没办法执行怎么办”之类的更大、更深层次的担忧所困扰。

所以，这个问题的本质，其实是“尚未整合的自我冲突”。

02

很多人都熟悉“本我”“自我”“超我”这个精神结构理论。

你的“本我”只贪图享乐，它只想追求当下的欢愉，而没有长远的眼光与对现实的认知和分析。

你的“超我”则是个英明神武的好人，它代表着社会的道德要求和行为标准，所以它总是和“本我”出现冲突。

你的“自我”是二者的协调者和统筹者，它要尽力让二者不要打架，而是协作共进。

当你对未来迷茫时，你深谋远虑的“超我”就开始担忧：“以后怎么办？要是一辈子碌碌无为怎么办？以后养不活自己怎么办……”

“超我”则提醒“自我”与“本我”：“要赶紧想办法做些什么。”

但没想到，“本我”毫不在意：“你想那么多干什么？再等等看……”

“超我”：“都火烧眉毛了，还等什么？！”

然后，“超我”和“本我”就“掐”了起来。

“焦虑”，便由此而生。

由于“自我”这个协调者往往发育得不是很成熟，所以它通常会“拉偏架”，或是没办法很好地协调、处理二者间的冲突。

那些偏爱“超我”的人，会用“工作、读书、健身”这些事情来缓解焦虑；那些偏爱“本我”的人，会用网游、放纵等来麻痹自己。

但无论你是用哪一种拉偏架的方式，都只能获得暂时的平静，始终无法真正地解决问题。

只要“本我”和“超我”的冲突还在，你的迷茫就会一直存在，因为你会不断地试图寻找一个答案，于是你的焦虑和恐慌始终都无法真正被解决。

而且，因为是内在精神结构的冲突，外在的行动无法“直接”对你的内在结构产生影响和作用，包括心理咨询，也只是在间接地影响你。

我们时常说，要达成和父母的“和解”，要达成自我的“和解”等等，这种“和解”本质上是无法被“催熟”的，它需要一定的时间和机缘。

就像一对发生了激烈冲突的夫妻，你强迫他们握手言和，假装一切都过去了，这不仅无益于根本问题的改善，反而对双方都是有害的。

因为，他们心中对对方的不满和怨恨还是存在的，用表面的平和将怨恨和不满暂时性地掩盖住，只会让怨恨和不满越积越深，对对方的成见越来越大。

他们两个都需要时间去释放自己的情绪，反思自己的行为，再加上合适的时机，他们才能够“真正”地握手言和，并且不仅会和好，还会比以往更亲密。

同样的，你的“自我”“本我”“超我”这三者之间的关系其实更复杂。

可能这三者都会认为自己没有错，都会认为自己在做的事是对的。

“本我”认为它在努力让大家快乐，“超我”觉得自己在努力让大家在现实社会中生活得更好，“自我”则认为自己在努力协调大家的关系。

但最后的结果却是，你内在的这三个部分在不断地发生冲突，同时每部分都觉得自己很“委屈”。

对于一些人来说，他的“自我”经常和“本我”一起玩，他会逃学，没日没夜地打游戏，那么超我就会感觉自己“被冷落”了。这种“被冷落”所导致的一种可能就是你会越来越放纵自己——一个总是放纵自己的人会逐渐丧失自制力、上进心和道德感，他可能会一辈子都在自身的欲望中兜圈子，而无法获得世俗意义上的成功和自我实现。

对于一些人来说，他们的“自我”总是同“超我”和谐相处，他会很有责任心，拼命工作，很少享受，那么他的“本我”就会感觉自己“被冷落”了。这种“被冷落”所导致的一种可能就是这部分精神结构会退化、萎缩——一个天天加班的工作狂会逐渐丧失享受日常快乐的能力，这时候，他不得不通过一些高强度的刺激来令自己获得享乐体验。

03

为什么我在开篇时会说，当你陷入迷茫时，你应该让自己“平静地独处”呢？

因为，你需要给自己的内在精神结构一定的时间和机会去沟通、冲突、协调、成长、整合。

当你的内在精神结构出现冲突时，你的确是很痛苦的，但这种痛苦本身就是你的自我在整合的过程中。

我们甚至可以稍稍偏激地理解为：人格整合的过程，就是一个痛苦的过程。

但这个时候有人可能会说，那我痛苦了这么久，有很多人痛苦了一辈子，但精神结构却始终没有得到整合。我的确经历了痛苦的过程，但最后并没有完成整合，这是什么原因呢？

从根本上来讲，痛苦分为两种：一种是直接的痛苦，另一种是试图逃避痛苦所带来的痛苦。

比如，一个人失恋之后，为了逃避失恋的痛苦，马上找了一个新伴侣。但他和这个新伴侣实际上并不能很好地相处，这对他来说反而成了折磨。

再比如，一个人为了逃避承担责任的痛苦，做着一份简单轻松的工作。这个时候，他必须面对枯燥的生活，承受无意义的痛苦。

当我们直面第一种痛苦，并能够从这种痛苦中吸取经验教训的时候，我们才能够获得成长，精神结构才能得以整合。

而第二种痛苦往往只会给我们带来新的折磨和损耗，它不仅无益于精神结构的整合，反而会加剧内在自我的分裂。

第二种痛苦在现实生活中太过常见了，而且每个人都有逃避痛苦的倾向，以至于我们很多人根本就无法意识到这种痛苦的存在。

当我们迷茫时，很多我们试图去做的事情，其动机往往都是第二种，即逃避焦虑和恐慌带来的痛苦。

这就是我不建议你在迷茫的时候“做些什么”的原因，因为很可能发生的结果是你做得越多，焦虑就越多；焦虑越多，就越迷茫。

这时候你可能会问：“平静地独处”就能让我不迷茫、不焦虑了吗？

恰恰相反，让你平静地独处的根本目的是让你更加地迷茫、更加地焦虑。

“那些问题不解决了吗？”

首先，迷茫和焦虑本身并不是问题。

其次，迷茫和焦虑是无法被“解决”的。

最后，也许不解决才是最好的解决方法。

看到这里，你是不是更糊涂了？

那就翻到前面重新看一遍，我想你可能会有不一样的认识。

无法自律的原因，以及有效自律的建议

01

大众观念里的自制力，通常是指一个人能够比一般人更好地控制自己的行动与情绪，能够更好地执行他所做的决定，并且能够抑制住那些负面和消极的欲望、情绪和行为。

在普通大众看来，自制力这个词带有积极的属性。

但问题就在这里，自制力这个词只是对人的一些行为及状态的总结性命名，而大部分人却囿于文字的概念，对此产生了误解。

努力克制自己，逼着自己做到自己原本坚持不了的事，同时拼命忍耐，不被欲望左右，不被外界事物诱惑。许多人觉得，只要做到这些，自己就是一个有自制力的人。

在他们看来，自制力是一套标准，符合这套标准就算拥有了自制力。但实际上，自制力不是标准，而是一种结果，它是一些人受“对世界的认知”“思考习惯”“思维逻辑”等内在因素的驱动，“自然而然”的行为表现。

然而一个没有自制力的人，如果仅仅想从自己的外在行为和表现上约束自己，努力让自己拒绝诱惑，努力让自己咬牙坚持，那么他几乎无法拥有真正的自制力。

因为他的出发点都是错的，在这个错误的基础上所做的一切努力，都只是让他的行为去符合自控力所定义的诸多标准而已。

而对于那些真正有自控力的人来说，“坚持投入地做有价值的事”“推迟满足感”“抑制住欲望”等，反而是件轻而易举的事。

而且，他们也根本不会去思考什么是自制力，怎样拥有自制力，怎样才是有自制力的表现之类的问题，他们只会专注于自己正在做的事。

我们如果想探究自制力的本质，应该思考的是那些拥有自制力的人能够自制的真正的、深层次的原因。

如果非要给自制力下一个本质性定义的话，其实它指的是一个人对自身与“现实的卓越”的认知能力。

重点在于现实的卓越。

比如，一个大学生每天早上都会六点钟起床去图书馆学习，而不觉得痛苦，这是因为他很清楚他的目标是考研，所以要投入大量的时间学习。而图书馆的座位又是有限的，所以他必须早起才能找到座位。

而不是因为他觉得：啊！我是一个有自制力的人！我要努力啊！我要奋斗啊！我要早起才算是自律！

还有那个著名的心理学实验——“延迟满足效应”——一个孩子如果能够忍耐半小时不吃手中的糖，半个小时之后，他将得到两颗糖。

他之所以能够抵制住诱惑，是因为他清楚地知道只要他忍耐这半小时，他就能得到两颗糖；如果他不忍耐，他就只能吃到一颗，忍耐比不忍耐获得的利益更大，这样权衡利弊后，他选择了忍耐。

而不是因为“只有善于忍耐才能成功”“小不忍则乱大谋”之类空洞的大道理。

人类行为最本质的动力源于趋利避害。与之类似，一个人是否拥有自制力，也在于他趋利避害的本能。如果他相信自律，利大于害，那么根本不需要外界的强制，不需要他如何强迫自己，他自然就能够做到自律。

在这个过程中，有两点特别重要：第一，他选择自律后的结果的确是利大于害的。第二，他认同并且相信自律的结果是利大于害的。

很多时候，人们都能够意识到自律的结果是利大于害的，但问题在于他并没有认同、相信并且接受这一点。

换句话说，在他的价值观里，他认为自律所要付出的代价比不上选择安逸、懒散带来的舒适感。

之所以这样，是因为很多人的短视与急功近利心态。他们想要的是一旦付出马上就能得到回报，他们对于未来是否能够因为坚持自律而得到回报没有明确的答案，他们担心自己即便自律却没能得到想要的结果，所以没用多久就放弃了自律。

所以，自律的本质是指一个人对现实的卓越的认知能力。

一个人如果能够对他自身和现实都有清醒的认知，他就能够正确地权衡利害关系，他也就能够清醒地认识到自己的问题。如此，他自然就会知道自己想要什么，明白自己该做什么。

当他知道自己该做什么的时候，自律就自然而然地发生在了他身上。

但这背后还有一个问题——大部分人对于利与害都或多或少有一些错误认知。

利与害，其实分为心理上与现实中的利害，长期的与短期的利害。

心理上的利害，是指你感觉的好与坏，符合还是违背你的价值观，你获得意义感还是虚无感，等等，往往带有主观色彩。现实中的利害，是指那些客观的，可衡量的，所有人都能分辨清楚的利害。

长期与短期的利害，是指你在选择做一件事时，它给你带来的益处和害处会在短期内兑现，还是要很久以后才能兑现。

许多时候，人总是对心理上的利害和短期的利害极为敏感，而对现实中的利害和长期的利害不敏感。

大卫和韦德是大学室友，大卫选择每天认真学习，作息规律，十分有自制力。韦德则选择每天打游戏，逃课，晚睡晚起，极度不自律。

大卫选择自律，是因为他能意识到他的做法会在将来带给自己足够的回报，并且，他相信现在的付出是值得的，因此他能够自律和努力，这对他而言就是最好的选择。

韦德没有选择自律，是因为他不认为自律能在将来带给他足够的回报，所以，与其选择痛苦的自律，不如选择能带给他舒适感和快感的放纵与安逸。在他的认知里，一时的放纵和安逸就是最好的选择。

02

对于多数人来说，自律是持续不下去的问题：

你给自己定了每天要跑步的计划，可你坚持不了几天就找借口放弃了；你上班时强制自己不看手机，可你坚持了没多久又忍不住打开了手机；你想改掉晚睡的习惯，可一上床你就打开手机玩到了凌晨……

最根本的原因在于，你没有真正地权衡清楚利弊关系，你不知道自己自律的动力何在，你不知道想通过自律得到什么。

不仅仅是自律，一个人的自我改变与自我提升都发生在对“利害”关系做了清楚的权衡之后，只有这样，他才能真正意识到自己该做什么，并愿意为此付出行动。

因此，我们首先要做的是建立对自身、对现实的清醒认知。

对自身，你得明确自己的价值观，了解自己的真实想法，知道哪些想法是你在自欺欺人，哪些事情才是你真正想追求的。

要明白，你的自由意志才是决定你做还是不做一件事的重大影响因素，你其实很难强迫自己做你不喜欢的事。你讨厌数学课，那在数学课上你自然会昏昏欲睡；你喜欢语文课，那么到了语文课，你自然会生龙活虎。

但这并非是说你完全没办法让自己做自己不想做的事，人生苦难重重，总有许多你不想做的事是你必须去做的。这时候，你需要一个更深层次的动机来支撑你，让你能够心甘情愿地去做自己不喜欢做的事。

比如，你很喜欢一个男生，爱他爱得要死。但他承诺只要你期末数学能考90分就和你交往。那么你上数学课时，就不会再抗拒了，反而会很投入。因为这个你原本讨厌的东西现在已经变成了你喜欢的东西的一部分。

人的一切行为在其潜意识里都有一个真正的动机，你拥有了动机，自然会努力去行动。

如果你没有这个动机，不管别人怎样督促你努力，你依旧很难付出行动。

所以，透过现象看本质——先了解自己，这才是最重要的。

对于外部环境，其实我们所见的不一定就客观真实，它其实是我们的大脑加工和处理后的结果。

同样的，我们对于现实的认知也经过了个人价值观和思维模式的筛选。

这便造成了一个问题，我们大部分人对于现实是有着错误的认知和不切实际的幻想的。

例如：

为了不用面对这些问题，我们会欺骗自己说没事，反正过一阵子问题会自己解决。

为了不用付出努力，我们会天真地幻想幸运和好事会降临到我们身上。

我们的主观意志对于现实的扭曲，无论是积极的还是消极的，从长期来看，都会损害我们的行动力和解决问题的执行力。

如果你能够敢于面对现实中真正的利害关系，那么你就不会再心安理得地打游戏，你就不会对自己的问题视而不见，你就不会再用虚假而无用的努力感动自己了。

你在选择接受了现实之后，你才能心甘情愿地付出真正的行动，你才能实事求是地解决真正的问题。

你的自律是建立在现实的利害关系之上的，这样的自律才是有效的、自然而然的、不会被你轻易放弃的。

如果你对现实没有清醒的认知，你很容易会自欺欺人、得过且过，你会目光短浅，沉溺于一时的欢娱和放纵，而忽视了你真正的问题。

自律只是你在找到自己的目标，有了属于自己的动力之后的一种表现，最本质的问题还是你如何找到自己的动力，如何找到自己的目标。

但有些人会说，他们的确通过一些方法改变了坏的作息，也的确变得自律了起来。但是，这种自律从本质上说只不过是你养成了一种习惯而已，它在某种层面上并不是你主动、清醒的选择，这也不是你真正有意识选择的结果。

因为你没有一个真正远大的目标。

我不想贬低和否认这种“自律”，但这种自律只是一种横向的改变，而非纵向的提升。

03

那么如何找到自己的动力？怎样找到自己的目标呢？怎样知

道自己喜欢做的是什么呢？

三个字——多尝试。

走出自己的心理舒适区，接触更多的新鲜事物，扩大你对现实的认知范围，世界这么大，有那么多的职业，那么多的工作，但你真正了解、接触过的有多少呢？

很多人口口声声说活得迷惘，没有理想，没有目标，但却从不做出改变。

如果你一直保持现状不变的话，你将永远不可能找到答案。

也许你的天赋是画画，但你却一直痛苦地做着销售工作；你适合当程序员，却在发廊里做理发师……

你从不去尝试，你从没有迈出那一步，你怎么可能知道前方是不是有更适合你的生活在等着你呢？

你说生活艰难，去尝试要付出的成本太大了，你怕。

没关系，这就是我前面说的，人的一切行为都是在他权衡利弊之后的最佳选择。你不敢去尝试，你害怕，你没有迈出那一步，对于你而言，这都是很正常的。

但这并不能成为你不敢追求梦想的借口。你要知道，不管怎样你永远拥有着属于自己的主观意志，你敢或不敢，除了现实因素之外，更多的还是取决于你自己怎样看、怎样想。

你要明白，你完全有能力迈出那一步，未来和现实之所以可怕，其实大多是源于你自己的想象。

我并不是要给你“打鸡血”，我一直相信：那些会因为“心灵鸡汤”和别人的鼓励而变得更积极的人，也同样会很轻易地因为负能量和别人的否定而变得消极。

我只是在向你阐述一个事实，你必须认清这个现实，看到事物的两面性。然后，你要自己去衡量。

请你牢记：人的一切行为，都是在他权衡利弊之后的最佳选择。

怎样对抗你心中的虚无主义？

01

我们先从“抑郁症”这个话题讲起。

我们首先要理解，“抑郁症”并不是一个非常精准而明确的病理定义，它描述的其实是一些症状的集合，即我们陷入了一种名为抑郁的状态。但是，导致这种状态的原因却是多种多样的。

有的抑郁症是生理性的。由于大脑激素分泌失衡，或是大脑的构造和生理状态决定了你在看问题时无法自控地偏向于消极面，并且你对诸如快乐、幸福、满足之类的正向情绪的体验能力受到了抑制。

同样值得开心的事情，别人可以发自内心地感到快乐，但是你却不能体会到，这是因为你的大脑生病了。

有的抑郁症是创伤性的，由于早年经历过强烈、深刻的创伤，导致你陷入了一种类似于肢体残疾的状态，比如，一个人小时候出了车祸，后来一想到坐车就心怀恐惧。

过于强烈的心理创伤就像人的肢体创伤一样，某一部分的功能被彻底损毁之后，你是无法再恢复这部分功能的。

然而，精神和肉体还是有区别的，肢体的创伤有些是不可修复的，但精神的创伤，理论上来说，不管多深都存在着被修复的可能——仅仅是理论上。

还有的抑郁是思维性的，这也是我们今天这篇文章所要谈论的重点。

所谓思维性的抑郁，指的是由于你所思考内容的特殊性，这些内容本身便导致了你陷入抑郁。

这一点其实不难理解，如果一个人连续三天思考的内容都是“世界太不公平了，有的人一出生就衔着金汤匙，有的人一出生就充满苦痛，整日抱怨”“我被喜欢的人抛弃了，好痛苦”之类的负面信息，这些内容自然就会让我们陷入痛苦中。

而诸如“世界的本质”“我是谁”这类问题，和我们前面举的例子还有一个最根本的不同，即这类形而上的思考会在无形中塑造我们的世界观，而我们的世界观是我们看待事物时潜在的基本出发点。

我曾提出过一个“本位价值标准”的观念，这里可以化用一下，再提出一个叫作“本位思维出发点”的概念。

这个“本位思维出发点”通常是隐藏的，我们多数时候并不会意识到它，或者说即使意识到了它，也会因为过去没有一个专门的概念来形容它，而无法清晰地认知它。

我们对于同一事物的看法和评价不同，本质上是因为彼此的“本位思维出发点”不同。

比如，我和你同样看到一个漂亮的女孩，你说：“哇！这个小姐姐好漂亮！”我则报之一笑，内心却毫无波动。

造成两种不同反应的原因是：我的那个潜在的“本位思维出发点”认为一切事物都是无常的、变化的，终究会归于虚无，这个漂亮的女孩子本质上也只是一个人，其实并没有什么特殊的，所以我的内心毫无波动。

02

所有的本位思维出发点在最基本的层面上都可以分为两类：一类是“绝对主义”上的，一类是“相对主义”上的。

当我们秉持“绝对主义”的视角去看待问题时，视角是宏观的、扩大的，就像你始终用一个绝对客观的视角去看待宇宙，从广阔的宇宙角度去看待地球一样，这时候人类世界塑造的一切文化景观都会崩塌，一切都会变得微不足道。

就好比你看到一个人时会认为他只是血肉的组合，看到美景时认为这不过是大自然中各种元素不同的组合方式，喜欢上一个人时你会认为这不过是基因驱使的生物本能……

“绝对主义”的视角首先会让你在一定程度上变得“无我”，即很自然地排除掉“自我”的立场和利益，常常以客观、理性的视角分析事物，所导致的一个直接结果就是你对自己不重视了，也就是说，你很难“爱自己”。

而且，“绝对主义”的视角会消除一切意义，降低人的情绪强度，或者说会对你的情绪起到一种“中和”作用——对于积极情绪，会将之解构，让其很快消失；对于消极情绪，会置之不理，认为不过是无足轻重的情绪而已。

你买个雪糕吃，刚感到快乐，潜意识里的评价标准就会告诉你，这样的快乐其实毫无意义，只不过是吃了甜食后，大脑分泌了些多巴胺而已，于是这份快乐便被你解构了。

你长期心情低落，你可能会告诉别人自己不想心情不好，但这种“本位思维出发点”导致你其实并没有将其视为真正的问题所在。

这种思考问题的视角会让你认为：“没有什么是真正的问题，一切都是历史的尘埃。”

在这种视角下，人是不可能解决自己的负面情绪问题的，因为你没有这个动机。

总而言之，“绝对主义”视角会令人丧失活力，丧失动力，或者变得厌世。

当然，并不是只有绝对主义者才会思考“世界的本质”“我是谁”之类的问题，普通人也会偶尔想到这些问题，只不过他们想到这些问题时，多半是因为他们对当下的生活产生了不满，或是对生活感到厌倦。

秉持“绝对主义”的视角去看待事物的好处，就是能够将一切都加以解构，让其在心理上获得看到本质、掌握真理后的快感。

解构了一切的好处，是我们可以认为它们都是无意义的，从而心安理得地认为自己可以不需要去做什么，因此就可以什么都不用付出，什么都不用去努力争取。

想要的东西得不到？很简单，把它们都看作是无意义的，这样，心理的不舒服就消失了，想要的东西也就不想要了。

是不是很简单？

貌似我们从源头上就将问题给“解决”了。

03

其实，这种看待事物的视角本身并不是问题，问题是多数人并不能将这种视角彻底地贯彻于自己的生活。

从“绝对主义”的视角出发，我们可以认为世界上的一切都是无意义的。但问题是，我们的生物需求和感受却是真实存在的。

当你看到一位漂亮的女性时，你可以将她解构为“一堆碳原子的集合”，但是当与她亲密接触时，你依然会被异性相吸的本能所控制。

当你被喜欢的人抛弃，你当然可以把这解构为“这一切只不过是宇宙中的两粒尘埃向不同的方向运动了而已”，但你被抛弃的锥心之痛仍旧是真实的，你只能从意识上解构这一切，但是解构不了自己的感受。

并不是说这种“绝对主义”的视角是错误的，相反，我想说的是，如果你能将这种视角通过长期的训练彻底地贯彻于你的生活中，那么你就将获得终极解脱。

可是，你愿意吗？

相信大多数人还是不愿意的，因为我们都有自己珍视的亲情、友情、爱情，等等，总之，世上总有你不愿意解构的东西存在。

在这里我想强调的是：绝对主义的视角会导致意义的消解，这就是它自身的一种“属性”，就好比水和火这两种物质无法兼容一样，这并不是什么奇特的东西，也根本不算是什么真理。

秉持着一切事物都是无意义的视角去看待事物，就好比站在沙漠里说“这里没有水”一样，这只是一句废话，沙漠里本来就没有水，“绝对主义”视角下本来就是没有意义的。

你看不到水是因为你走在沙漠中，没有去海边；你认为一切无意义，是因为你在用“绝对主义”的视角看待一切，而没有认识到“绝对主义”并不是一切，就像沙漠也不是全世界一样。

但是，即使你看了这个比喻，脑子还是转不过这个弯，因为你的认知中仍旧存在着一种根深蒂固的错觉。

由于“绝对主义”这个视角是无限的，你会想：世界上除了沙漠之外还有大海，这个我当然能理解，但是“绝对主义”这个视角明明涵盖了沙漠、大海等一切的事物，它怎么能和“沙漠中没有水”这样的比喻等同呢？

“绝对主义”的视角并不是“无限”的，它只不过是理解事物的视角之一。

我们理解事物的视角其实可以有无数种，绝对主义是其中一种，相对主义是其中一种，马克思主义是一种，精神分析是一种，量子力学是一种，命理学也是一种……

我们执着于绝对主义囊括一切的“幻觉”，却没有意识到这种囊括了一切的幻觉实际上意味着我们忽略了一切，忽略了一切真实的事物。

你所感受到的一切，你所看到的一切，这些全部都是真实的，只是你看待事物的视角本身将它们给抹去了。

就像从积极的视角看待一件事物会令我们感到快乐，从消极的视角看待一件事物会令我们感到悲伤一样，问题不在于这个事物本身，而在于我们看待事物的视角。积极的视角会令我们感到快乐，绝对主义的视角会令我们感到虚无。在这里我们一定要清楚地知道，这是视角本身自带的属性。

不是一件事情令你感到快乐，而是因为你对它采取了积极的解释。

不是世界本身是虚无的，而是你一开始就选取了一个会令你感到虚无的视角去看待世界。

之所以要反复地解释这一点，归根结底是为了让大家反思一个问题，“虚无主义”到底带给了我们什么好处，以至于明明让人不快乐，却使人执着于此？

这个答案需要你自己去挖掘，也许是获得了真理的幻觉，也许是以此来逃避别的真正的问题，也许只是把这当成了一种令我们能够心安理得地不付诸努力的借口，也许是认为自己很有智慧的优越感……

你最真实的动机，只有你自己清楚。

找到这个最真实的动机，并且诚实地面对它，然后你会发现，所谓的虚无主义带来的痛苦，只是我们人类共有的一种愚蠢习性的外在表现而已。

这个愚蠢的习性，就是我们为了逃避真正的问题愿意做任何事，而不管这种逃避带来的痛苦是多么得不偿失。

关于童年阴影，你需要知道的事

01

对于很多人而言，童年阴影仿佛是如影随形的噩梦，无论如何都无法摆脱它对自己的影响。

我见过有人虽腰缠万贯却因年幼时的贫穷，在出入高档场所时会不由自主地感到自卑。

我见过有人强烈地抗拒与朋友和恋人的亲密关系，只因幼年时未得到父母足够的关爱。

我见过有人痛苦地忍受着自己并不喜欢的伴侣，而仅仅只是为了幻想能够弥补童年的缺憾。

很多咨询者背负着各种各样的童年阴影与创伤来找我，他们饱受阴影的折磨，痛苦不堪，但他们又完全无法意识到真正的问题，只能一遍遍地重复诉说着自己的伤痛。

他们不愿意跳出来客观地看待问题，只愿在黑暗之中自怨自艾。

他们一边抱怨着阴影和创伤给他们带来的痛苦，一边又不愿意放下过去，向前看。

所以，他们的痛苦在他们自己看来，是无解的。

这也是很多心理咨询师说童年阴影无法被彻底消除的原因。

但不管别人怎么说，我都必须坚定地告诉你一点，我们是能够摆脱童年阴影影响的，也完全能够打破以往对事物的认知模式和与这个世界的联结模式。

而且，童年阴影的影响并非那么根深蒂固，实际上，当你理解了童年阴影的本质以及童年阴影影响我们的原理后，你想摆脱它的影响，其实是一件非常简单的事情。

对此，你可能会怀疑，但不妨继续看下去。

02

很多心理咨询师都说，童年阴影本就是你的一部分，你应当接纳它。或是带着一脸悲天悯人、循循善诱的表情告诉你，童年的经历造就了我们的“认知蓝本”，你越是抗拒它，就会令你越痛苦。

或是，童年阴影就像一滴墨滴入了一杯水中，不论加多少的水，将墨稀释得多么淡，但那墨还是存在的。

在我看来，许多人之所以认为童年阴影无法摆脱，是因为他们根本没有认清童年阴影到底是什么，他们对于童年阴影的认知仅仅停留在字面的意思上，认为阴影是一种实际存在的创伤。

这种认知本身就是错误的，这样的认知就注定了童年阴影是一个无解的问题。

我可以负责任地告诉你，在一个人没有认清童年阴影的本质之前，不论他做什么，怎么做，都是徒劳的。他所使用的一切方法都像是右手持着矛，左手持着盾——自己攻击自己。

人们往往会习惯性地以为，只要用矛更用力地去刺，就能打败那个盾，自己就不再被童年的阴影纠缠了；或是认为只要把盾变得更硬、更厚，更稳固地去防守，童年阴影也就无法伤害到自己了。

明白了吗？

按照以前的思维和认知，不管你怎么做，不管你多么用力地攻击，多么努力地防守和抗拒，都无益于缓解你的痛苦。

如果你能暂时跳出当下的处境，从一个旁观者的角度来看待自己，你就会发现，其实你需要的并不是“做什么”，恰恰相反，你应该什么都“不做”，只要停下来。只要放下，你的自我攻击也就停止了，你也就不会痛苦了。

更有意思的是，如果你观察得再仔细一些，就会发现，实际上，连那所谓的“矛”和“盾”，其实都是不存在的。

童年阴影其实一点儿都不可怕，甚至它只不过是你自己制造出来的幻象，是你对过去的一种执念。只要你不再幻想，只要你放弃这种执念，你现在就可以得到解脱。

不信，你现在就试着重新审视一下你自己，你真的能感觉到有什么所谓的童年阴影在影响着你吗？你真的能切实地感觉到有什么阴影在刺伤着你吗？

并没有！

只要你不再坚持那种执念，你马上就能感觉到一种无比的放松，因为你发现，其实你并没有被童年阴影操控，一切都不过是你无意识地延续以往的思考和认知模式而已！

03

我本人也曾是一个深受童年阴影折磨的“患者”，这也是我之所以会走上心理学这条道路的原因之一。

我的童年一直过着“颠沛流离”的生活——在爷爷奶奶家、外公外婆家和爸妈的新家之间辗转，这令我一直到二十多岁的时候还很怕黑，并且极度缺乏安全感。

我从小一直到上大学之前，几乎未在父母身上得到过多少关爱，甚至，我那对不成熟的父母还会对我进行“精神上的索取”。

因为家境贫穷，直到上高中，我几乎没有买过新衣服，穿的都是一个远房亲戚的旧衣服。

童年时的这些经历令我十分内向和敏感，到了二十多岁的时候，我一个朋友都没有。我基本不敢去人多的场所，步入公共场合时，我会莫名地感到紧张和羞耻。

在我生命中的很长一段时间里，我都是无比压抑的。

那些或羞耻、或痛苦、或悲伤、或绝望的记忆像是无孔不入的细针，会在各种场合、各种时刻无法抑制地跳出来刺伤我。

甚至，在很正常的、没有什么异样的时候，我可能也会因为忽然想起曾经的一些窘迫经历而羞愧得无地自容、面红耳赤。

后来，我学了心理学，也认识了很多心理咨询师。但我发现，目前，几乎所有的心理学流派在对待童年阴影这个问题上好像都没有什么真正有效的解决办法。

并且，随着我对心理学的深入了解，我越发觉得不对劲儿。

咨询师们对于来访者的童年阴影都会下意识地去理解、共情和接纳。这种开放态度让他们成了来访者的“陪伴者”，却无法切实有效地直击“痛点”。

这样做的本意当然是好的，是为了发掘来访者自身的力量，从而令其获得真正的成长。

但是这样的“心理咨询”对于来访者们而言，真的有用吗？

在咨询师的陪伴下，来访者一次次地深度挖掘过去的痛苦记忆，一遍遍地体验着过去的伤痛，在咨询师们“小心翼翼”的引导下，十分艰难地去改变自己的认知。最终，在花费了大量的时间后才有了些许效果。然而，大多数咨询者往往都是在这个过程中放弃的。

也就是说，传统的针对童年阴影的治疗方法不仅花费的时间长，过程痛苦，而且效果还很难保证。

我也曾为此苦恼不已。

但随着我对自身问题的反思，和对许多咨询者的观察，在查阅了大量书籍，经过长时间的探索总结后，终于有一天我想通了，我发现原来一切的问题，其实都源自我们如何去看待这个“所谓的”童年阴影上。

后来，当我把这种视角和我对童年阴影的理解告诉了一些咨询者后，他们很不可思议地发现，原来摆脱童年阴影其实是一件这么简单的事情，简单到只需要一个念头的反转就可以了。

04

一个人，因为是非婚生子，他从小就遭人白眼，过着十分贫困的生活。为了谋生，他小小年纪就不得不去给别人放牧，还当过保安，甚至还做过替人办丧事的吹鼓手。

还有一个人，他从小家境贫困，过着颠沛流离的生活。兄弟姐妹很多，得不到父母多少关爱。又生逢乱世，从小没有安全感，不到十五岁的年纪，就眼睁睁地看着父亲、母亲、哥哥相继死去。

拥有这样童年的两个人，他们的心理阴影想来应该很严重吧？

但他们一个是孔子，最后成了圣人；一个是朱元璋，最后当了皇帝。

我举这两人的例子，当然不是为了“打鸡血”，而是要你明白，无论你童年时受过怎样的创伤，你都可以不被这些创伤影响。换句话说，你会不会被你的童年阴影伤害，其实源于你自己的选择。

也就是说，许多人因为童年阴影而痛苦，其实是自找的。

这句话说得残忍，但事实的确如此。

没有人能为你的感受负责，除了你自己。

即便是在同样成长环境中长大的两个人，对待心理阴影的态度也会有所不同。你可能会觉得小的时候被表哥欺负过一次，从此就会陷入自卑；但有的人小时候被欺凌过十几次，长大后依旧能释然，不被过去的事情影响。

为什么？同样是童年阴影，有些人被其困扰了一生，有些人却能轻松放下，不再被其影响？

最根本的原因就在于，有的人选择了不停地去回想他的童年阴影，而有的人则选择不再去想那些事，并认为过去的事情已经过去了，既定的事实无法更改，能改变的是自己今后的生活。

所以，过去如何影响我们，取决于我们如何理解和认知过去。

我们唯一拥有的只是当下，过去是我们头脑中的回忆，未来是我们头脑中的幻想，无论是过去还是未来，其实都和现在的你没有丝毫关系。

三年前，老师打你的一巴掌，怎么可能让现在的你感到痛呢？

五岁时，妈妈温柔地抚摸你的头，怎么可能会温暖到现在的你呢？

这个世界是客观存在的，对于每一个个体而言，世界是怎样的、别人是怎样的，都取决于每个人的大脑是如何解读和阐释的。

世界是唯一的，但人的大脑却是千差万别的，所以，每个人“眼中的世界”也各不相同。

05

现在，我们来看一看，童年阴影到底是什么。

其实，从本质上说，童年阴影不过是“过去记忆”的一部分。

过去的记忆又分为两种，一种是显性的，也就是我们对于过去的经历能记起的回忆；一种是隐性的，有很多的记忆转入了潜意识中。正是这些隐性的记忆塑造了我们的思维模式，对世界的认知方式，以及与他人的互动模式，等等。

而对于童年阴影的记忆，实际上是一种“强迫症”！你在生活中一次次地感受到的童年时的痛苦，其实都是对那些痛苦的强迫性重复。

越是深受童年阴影之害的人越会强烈地抗拒童年阴影，越是被童年阴影影响的人越是想逃避那些痛苦。

然而，问题就出现在这里：

你有童年阴影—你想逃避和摆脱你的童年阴影—阴影在你的头脑中越清晰—痛苦就越严重—引发焦虑—更强烈地想逃避童年阴影—童年阴影变得更明显—你更想逃避……

很多人都理所当然地认为，只要远离和逃避那些令自己痛苦的东西，自己就不会痛苦了。但他们没有意识到头脑中的痛苦是无法逃避的，而且越是想逃避就越是会令你感到痛苦。

或者说不是他们没有意识到，而是因为他们实在是太懒了！他们好像从来都不会根据实际情况反思，只会一味地按照直觉、习惯去处理问题。

不管事实已经多少次证明他的直觉和惯用方式不起作用，可他还是“自欺欺人”地认为自己的方法多少是有些效果的。

所以，很多人的问题根本就不在于他们所要面对的困境有多么难以应对，而在于他们根本就不愿意做出真正的改变。他们为自己的问题所做的唯一努力就是努力证明自己是对的，努力证明自己那些错误的应对方法能够奇迹般地发挥作用。

在跑步机上快走一小时，希望能减肥；试图用爱帮吸毒人员戒毒；起早贪黑地练习自创的“八卦掌”，想成为武林高手，等等，这些都是无用的努力。

更可悲的是，他们并不这么认为。

上文所说的那个恶性循环看起来是无解的，但其实这个循环相当脆弱，脆弱到你只需要转变一下念头，这个循环就会被打破。

这个念头就是：童年阴影根本没什么，我不需要逃避它。

没错，你只需要记住这个念头，一切的问题都将迎刃而解。

我知道看到这里的你可能会无法理解，可能会说，童年阴影明明给我造成了那么大的伤害，它怎么可能没什么？童年阴影只会令我陷入无限的痛苦中，我怎么能不逃避它？

但是你看上文所说的那个循环，你注意到那个恶性循环的根源了吗？

这个恶性循环的根源不在于你有童年阴影，而在于你老是想着你的童年阴影！

就好比你觉得恶心，不是因为死老鼠恶心，而是因为你总是想着死老鼠，你一觉得恶心，就马上想：“啊！我不要再想死老鼠了！好恶心啊！”而你越是这样想，越是让“死老鼠”和“恶心”的念头在你的头脑中变得清晰！

你因为“想”而觉得痛苦，你“不想”让自己这样“想”，所以变得更痛苦。

“想”的是你自己，“不想”的也是你自己，这个矛盾源于你自己和自己的对抗。

解决的方法是什么呢？

不是想方设法地让自己不再想这个，不是要让“不想”的念头赢过“想”的念头，因为这样不仅起不到什么作用，还会加剧你的痛苦。

解决的方法很简单，你只需要放下就好了。

不需要“想”，也不需要“不想”，你不需要为解决自己的童年阴影做任何事，因为根本就没有什么需要“解决”。

过去只是两个字而已，过去只是你的回忆而已，它并不是当下的客观存在，如果你不沉溺于它，那它就不具备伤害你的力量。

我想你需要好好读读上面两段话，因为你可能暂时无法理解我所表达的意思。

但这种无法理解不是因为我讲得太过深奥，也不是因为我在故意玩文字游戏，更不是你的理解能力有问题，而仅仅是因为你现在看问题的角度还是一个“童年阴影受害者”的角度，而我所阐述的这些是以一个看破且并不在乎童年阴影的人的角度——就像一个悲观的人看到“只剩半杯水”的水杯时，无法理解那些为还有半杯水而开心的人一样。

你需要反复地阅读上面几段话。当你能够理解我讲这些话的心态，理解我阐述这些话的角度时，便意味着你真的看破了童年阴影这个幻想。

当然，这个看破并接受不是一个一蹴而就的过程，你可能因为我上面的话，感觉自己已经看破了童年阴影这层幻象，但依旧会觉得被童年阴影束缚着。这是为什么呢？原因其实有两个：

第一个原因很好理解，纯粹是习惯而已。

无论是养成一个新习惯，还是改掉一个旧习惯，自古以来就是一件很难的事。通常来说，养成一个新习惯需要21天，改掉一个旧有的习惯则需要90天。而在实际操作的过程中，这两者所需的时间只会更多，不会更少。

所以，即便你的头脑和思维已经认清了所谓童年阴影的本质，但习惯的力量、固有的思维模式还是会迫使你延续旧的思考、行为方式，以及对于童年阴影这个问题的固有应对方式。

这也意味着，仅仅从习惯的层面上摆脱童年阴影的影响，你就需要花费不少的时间和精力。

看到这里，可能你的潜意识里马上会浮现这样的话：这件事情太难了，太麻烦了，我还是放弃或过阵子再说吧！

甚至，你可能会想：没用的，要改变童年阴影非常困难，我根本就不可能做到！我注定要一辈子都被童年阴影折磨吗？我为什么这么不幸？老天为什么要这样对我？

其实，这里还涉及我前面提到的心态和看问题角度的问题。

我要提醒你的是，大多数持悲观态度的人，很难相信“心态”的作用。

相信大家都有过这样的经历，看了一篇励志文后，你顿时豪情万丈，计划着从明天开始就好好生活。但第二天一觉醒来，又恢复了往日那种悲观的心态。

这是因为，这种悲观心态是你所习惯的模式，只有处在这种状态下，你才会感到自在。

如果不信，你可以等明天试一试，感受一下自己的心境。当你试图给自己些积极的暗示，让自己不用在意童年阴影时，过不了多久，你就会觉得“很累”。你会觉得自己根本坚持不下去，你觉得“转变心态”是在自欺欺人。

或者，你觉得保持这种状态去生活、工作和交际会更累，不如暂时放一放。于是，你可能再次选择被童年阴影控制，再次选择回到以往的思维模式中。

至此，你只能暂时地超越童年阴影，而习惯的行为和认知模式将继续将你拖入泥潭。

所以，你首先要认识到并相信，心态的转变的确可以对一个人产生巨大的影响。

这绝对不是一句空话，而是一个客观的因果关系。只要你坚持保持积极的心态，你的童年阴影就会被消除很大一部分。而且，如果你开始适应用积极的心态生活，也将给你生活的其他方面带来足够多的益处。

没有别的理由，也不可能再有什么借口，你必须调整自己的心态，你必须从悲观、消极、沉溺于阴影、对过去愤愤不平等负面心态中跳出来。从现在起，你必须给自己一个积极的暗示，你要为自己负责，你将积极地面对生活，不再逃避，也不会放弃，因为实际上并没有什么在阻碍你，也并没有什么在打击你。

第二个原因在于，人的认知具有“系统性”。

人的认知系统是一个整体，其中的各种观念会相互制约、相互影响。就像一个金字塔，上面的石块要建立在下面石块的基础上，同时它又支撑着上面的石块。

如果你把童年阴影作为一个单独的问题来看待，就像是你想要改变金字塔中间某一块石头的形状，而又不想影响其他石头一样，这几乎是不可能的——你的思维模式、你的人际关系互动模式、归因习惯、行为习惯，等等，都像其他的石块一样，紧紧地压制着你的童年阴影问题。

这也是为什么你今天因为这篇文章而受到鼓舞，但到了第二天又恢复如故的原因。

当你在看我的解析时，其实已经跳出了你固有的认知系统，在系统外思考，因此你会感到一种彻底的放松；而当你第二天再思考童年阴影的问题时，你又会回到你固有的认知系统内，你旧有的认知模式又会制约和影响你。

我在一开始就说了，只要你想，你现在马上就可以不再被童年阴影影响。

这句话背后的逻辑支撑其实是：人的认知系统并不是必须自洽的，因为自洽在某种程度上意味着自我封闭和自我制约。

对于很多问题，你应持开放性的态度，而不是用非对即错的二分法去看待问题。只有当你不再用二分法划分问题时，你才能接纳一切，才能持续更新自己的认知系统。

PART 2

你是一切的答案

成为真实的自己

01

“如何看待自己”不存在正确或错误的说法，只有合适或不合适。

大多数人对于“如何看待自己”这个问题，会在潜意识里加上“正确”两个字，希望能得到比较肯定和积极的回答。

事实上，我并不提倡用“多发现自己身上好的一面”“多鼓励自己”“你要多努力”这样的方法来建立良性自我认知。一个人的自我认知，应当尽可能保持客观、理性，贴近实际。

假如说“如何看待自己”这个问题有一条评判标准的话，那么唯一的标准应当是，你对自己的评价是否客观，是否符合实际。

如果能通过给你积极鼓励而令你对自己很自信，对现实就有了积极期待的话，那么你也同样可能因为收到消极暗示而轻易地将自己全盘否定，你的自信与对现实的期待也就很容易受到外部条件的影响。

比如你现在对未来感到迷惘和焦虑，你不知道自己想做什么、能做什么，有人会告诉你：“你很优秀，没必要让自己在一棵树上吊死。”

但实际上，你优秀还是不优秀，取决于客观的衡量标准，你告诉自己“我很优秀”，然后意志坚定地出去闯荡了，但是你的能力达不到，你就会受到很大的打击，这时你就会陷入更深的自我否定之中。

当我们消极的时候，别人会告诉我们这是很不好的，所以要寻找积极的方法来改变；当我们想获得成功的时候，你会看到许多励志书籍告诉你那些成功人士都是有着很强大的行动力并且对未来抱有美好的期待；当我们失恋、创业失败、被辞退的时候，大多数人在第一时间会想怎么尽快从这种消极的状态中走出来……

这就是问题所在——在我们的思维观念里，遇到问题时情绪的第一反应就是先否定现实。

事物的发展与人的情绪总会出现高潮和低谷的交替，我们的悲伤、沮丧、心痛的情绪本来就是合理的，是我们正常的心理状态的一部分。但是大多数人对于现实有着错误的认知，他们以为生活就应该是快乐多于痛苦的，他们以为人生就应该是顺畅少忧的。

因此，当他们的情绪陷入低潮时，他们就会变得手足无措，无法应对。他们本身的情绪虽是正常的，却因为自身认知的偏差，导致他们无法接受自己情绪的正常状态。

你如果想正确地、清醒地看待自己，那么你最好改掉你以往消极和积极、优点和缺点二分的认知，你将那些先入为主给自己贴的标签全都撕掉，真实的你才能坦然地展现出来。

否则，你的认知就会导致你的现实状态与真实情绪发生冲突和摩擦，从而导致你无法认清自己究竟是怎样的人。

很多人没有面对现实的勇气，不敢承担生命中由不确定因素带来的责任，所以我们倾向于把事物和情绪划分成积极和消极的两个部分，当我们不敢面对现实的时候，就可以用积极的情绪来给自己一些安慰，用消极的情绪来令自己逃避。

无论是消极还是积极，都可能沦为主观意志对于客观现实的一种否定。过分积极，是自欺欺人；过分消极，是自我麻痹。唯有尊重现实，去承担现实中的不确定因素及其产生的后果，明确自己心理边界之外的东西是你无法控制的，这才是成熟看待自己的态度。

接受生命中的不确定因素，接受现实，保持客观，不因主观意志而逃避事实，这不仅仅是你如何看待自己的原则，也当是你如何看待人生的原则。

正确地看待自己，就是认清自己：

你现在拥有什么？

你能做到什么？

你能做到多好？

你在哪方面做得不好？

你是否能够提升？

你自己是否愿意提升？

你的各种习惯给你的生活带来的利弊分别是什么？

哪些习惯可以改变？

哪些习惯你不愿意改变？

你想成为一个什么样的人？

你应该有哪些习惯？

你倾向于怎样思考问题？

现在的你与理想中的你有哪些地方是不重合的？

什么事情是能让你坚持一生的？

做这件事，你需要掌握哪些技能？

…………

02

我们总是会错误评判自己，原因有两个。

第一，主观意志与现实的偏差。

例一：我是一位歌手，举办了一场与歌迷的见面会。我以为会有成千上万的人为我欢呼，结果见面会只有寥寥数十个人前来参加，我因此很沮丧，感觉自己一无是处，感觉自己唱的歌毫无价值。

例二：我在知乎写了一个回答，回答的质量也许并没有那么高，但机缘巧合之下被推荐而获得了上万个赞，我因此觉得自己非常厉害，觉得自己写的东西非常好。

第二，你对于未来的预测和期待影响了你对自身的评价。

例如：我和一个身高两米的大块头SOLO篮球，我看到他那么高大的身材感觉自己肯定打不过他，所以我在SOLO的过程中表现很差，由此我得出自己不适合打篮球的结论。我因此对自身产生了过低的评估。

如今的时代，信息爆炸，各种心灵鸡汤让我们眼花缭乱。今天听了一个大师的讲座，觉得有道理，打了“鸡血”似的去战斗了；明天看了朋友圈的深度好文，觉得说得真好，人生就是要努力，又打了“鸡血”似的去战斗了；后天在公司被同事否定了，被女友甩了，顿时又觉得人生了无希望，努力和奋斗是没用的，恨不得放下一切……

很多人总是迷惘，总是找不到目标，其实只是因为自己一直在现实中摇摆。

失恋了，痛苦难过好几天，一个夜晚，你坐在路灯下突然想通了，然后给自己一个温暖的微笑：“加油！明天一定会好起来的！”你感觉自己好受了一点儿，就没那么痛苦了。一直在做着一份你并不喜欢的工作，有一天看了一场励志电影，你觉悟了，人生总有那么多的不如意，你要是想做自己喜欢做的事，必须得先把自己不喜欢做的事做好！然后，想着明天的自己如何努力工作，激情满满地睡下了。合租的室友总是不注意卫生，上厕所不掀马桶盖，每次你都得忍着恶心擦干净再用，碍于面子，你又不好意思当面说他。有一天看了篇文章，原来我们要宽容别人才能令自己更幸福，然后你觉得自己心情舒缓了很多……

过不了几天，你会发现，原来你并没有放下，你还是会想着某个人，明天也并没有好起来；因为你做的不是你喜欢的工作，所以你很难维持激情，慢慢地发现自己还是不快乐；不掀马桶盖的室友令你越来越不满，每次上厕所的时候你都满腔怒火。

你想正确看待自己，想认清自己的本质，必须先学会接受现实。学会接受现实的前提是，你得先学会诚实地对待自己，不欺骗自己。

如果你不能接受现实的残酷与不确定性，那么你将永远活在自欺欺人的假象之中。如果你不能正视现实的可能性与机遇，那么你将永远陷入扼杀自我的消沉之中。

唯有让自己的主观意志尽量尊重、接受、贴合现实，你才能认识并接受自身的缺点，你才能在消沉与自我否定之中看到真正的希望与改变的契机。

第一，对自己诚实，停止自欺欺人。

你很清楚，为人正直、诚实守信这些你有我有大家有的优点，在现实生活中能给你带来的帮助与收益其实有时很难计量，因此当你评判自己的时候，这种所谓的优点时常表现得很无力。

第二，接受现实，保持客观与理性。

不再否定现实，不再用过于积极的想法安慰自己，也不再用过于消极的想法逃避现实。

比如你今年二十二岁，是大学生，感觉自己既没有什么拿得出手的技能，在学校里没有多大成绩，你很忧虑。但是你没有意识到，忧虑的情绪已经把你的眼光局限在自身不好的地方。

保持客观与理性的一个前提，就是你要学会全面看待问题，扩大你的眼界。

然后你会意识到，你在学校里其实有很多拓展人脉的机会，你二十二岁开始意识到自身的问题，这放到大部分的人身上来讲已经算是很不错的了。就算你没有能拿得出手的技能，也不代表你就没有机会去学拿得出手的技能。

客观与理性，会令你意识到在你的心理边界之内的一切都是你可以控制的，在你的心理边界之内你有着无限的可能性。

正是因为你对你心理边界之内的一切有着强大的控制力，所以无论你变得多么惨，你都完全有能力，也有希望去改变自己的状况。

第三，反思与自我评估。

你不要单纯用优点或缺点来为自己的行为贴标签，你要意识到你的一切行为、一切倾向，只不过是一种“习惯”而已。你应当清楚地知道，哪些习惯给你带来了益处，哪些习惯在损害你，在让你倒退。

每个人在本质上都是无法被定性的，你不可能根据你的习惯或你外在的一些表现来定义自己是一个积极的人还是一个消极的人，是一个冷漠的人还是一个热爱生活的人。

所以，你要如何看待自己呢？

不，你根本不需要考虑如何看待自己，当你希望知道自己是怎样一个人的时候，当你迫切需要给自己定性的时候，那就意味着你正在逃避现实的不确定。

你要接受现实的本质与不确定，这样你才能认清生活的真相。你要接受自身的不确定和无法被定义，这样你才不会给自己设限，你才能意识到你的确有着无数可能性，你才能挣脱目前这短暂的障碍与问题的束缚看清事实的全貌与自己本身。然后你才能知道，今后的人生究竟会通往何方。

03

努力可以分为两种：一种是清醒的努力，一种是不清醒的努力。其区别就在于，“努力者”在主观意识里是否明确且清晰地知道自己在做什么，以及自己究竟想达到什么目的。

从理论上讲，一个人一旦能清楚地知道自己想要的是什么，并为之付出行动，那他自然就会进入在别人看来可以被称为努力的状态。而对于努力者自己而言，他并不会在意自己是不是努力的。

但我们也必须意识到两个前提：

第一，我们能否付出行动去追求自己的目标，往往会受到思维观念（自己为什么要努力的主观认知）、意志力（能否持续不断地付诸行动）、行为习惯（能否打破固有的行为习惯）、反馈时长（我们需要付出多长时间才会得到回报）等方方面面因素的影响。

第二，人是一种群体性生物，在客观上，个体总会不可避免地受到普世价值观（给各种行为贴上的好坏善恶等标签）、集体意识、他人的评价、社会的奖惩体系、外界的诱惑等各个方面的影响。

在这两个存在的前提下，我们想要“努力”是一件非常困难的事，因为无论是主观还是客观层面都有着很多限制和影响会令我们懒惰、消极和找不到方向。

当我接触的人越来越多之后，通过对不同类型的人进行观察、分析和交流，然后再将他们的经验进行总结之后，我发现想要“努力”其实是一件很简单的事。

很多人对努力有着错误的认知。

当我们谈到“努力”这个话题时，往往会将其与励志、超越常人、忍受痛苦、坚持付出等观念联系在一起。努力的确和这些观念有着相关性，也的确存在许多的努力的事迹让人感动万分。

但是，我接触到的正在努力的人中，只有很少一部分人会认为自己的努力是值得吹嘘的资本，他们也很少会觉得自己的努力很励志，觉得自己比普通人强，他们甚至很少会意识到自己正在努力。他们基本上不会思考自己要怎样才能努力，他们很少纠结自己要不要努力，他们本身就已经处于努力的状态之中，他们只会思考如何将问题解决，怎样提高效率，更多着眼于如何把事情做好。

我们可以将努力视为一道门槛，对于没有跨越这道门槛的人而言，他们看到的只是努力者外在的状态和表现，他们对努力的概念完全是来自自己对努力的想象，并将努力者完全理想化。由此便产生了两个错误理解，而这两个错误理解正是很多人无法努力的最关键的原因。

一是，将努力视为一种牺牲。

在很多人的潜意识里，努力意味着舍弃快乐、放弃享受，要减少社交，要承受痛苦，要忍耐枯燥，要坚持不断地付出。但对于真正清醒的努力者而言，努力并不是牺牲，也不是意味着要放弃什么，努力本身就是一种享受，是自我认同感的不断延续，是向着目标不断前进。

人无法坚持做自己不想做的事。如果你不喜欢背单词，你不喜欢跑步，那你几乎不可能仅凭着“要努力”的信念坚持下去。如果对你而言努力意味着牺牲的话，那当你试图去努力的时候，你根本无法真正静下心去付出努力。你只会不断地被痛苦折磨，你的心里会有来自惰性的声音不断地干扰着你，要你放弃，你的“理性”要求自己付出努力，而“感性”提醒你这并不是你想做的，你会因为“理性”和“感性”产生的冲突变得越来越焦虑和烦躁，你会找出无数个理由来说服自己明天再做。

这样你至多只能在外在行为上表现出一副很努力的样子，你可能的确会看很多书，背很多单词，花很长时间来写作，但你真正记住的、真正写出来的却没有什么价值。

可怕的是，有相当多的人喜欢用这种“只是看起来很努力”的努力来自欺欺人和自我感动，他们只谈论自己付出了多少，却刻意地忽略了是否是有效的付出。

所以，你现在应当意识到，努力并不意味着牺牲，当你努力时并不是要和痛苦抗争，你不是在通过强迫自己做自己不想做的事，或者不断地和自己的负面情绪与惰性做抗争这种痛苦的方式来进步。

当你清楚地知道自己的努力是在不断地朝着目标前进，那努力对于你而言应该是一种享受，是一种愉悦的付出，你会在努力时体会到一种全神贯注的状态，不会纠结和焦虑，也不会在努力时有被剥夺感。

你选择用来努力的时间原本可以用在打游戏、逛街、吃零食等这些“享受”的地方，但这绝对不意味着牺牲，也不意味着就放弃了享受。你选择努力是自己的主动选择，努力在你的认知里就成了比打游戏、吃零食等更为高级且收益更大的享受。

由于我们对努力的错误理解，我们将努力视为一种牺牲，所以我们在付出行动时心总会觉得有些不情愿，我们感觉努力要付出“放弃享受”的代价，我们想要努力的意愿会不断和“止损”的意愿做抗争，这就导致我们在努力的时候无法全身心地投入，努力的效果必然会大打折扣。久而久之，我们就会不再信任努力，因为在潜意识里，努力是一种既要牺牲和付出又得不到多大回报的负收益投资，所以我们就不愿再努力。

如果你能转变这种思维观念，将努力视为一种主动选择的愉悦，那么你不仅能够更好地努力，而且努力的效果也会大大提升，你不会在努力的时候再做无意义的自我消耗之事。努力可以成为一种享受，前提是努力是你主观意愿上做的选择。

二是，没有将想要达到的目标与主观意志上做出努力的选择联系在一起。

大多数人不知道自己想要通过努力到达怎样的层次、达到什么目的。我们从小就被灌输要努力的理念，社会、家长和生活环境告诉我们，努力读书将来才会有好出路，努力工作才能获得体面的生活，然而这些理念不具体，导致大多数人找不到努力的方向。

同时，媒体总在宣传和美化一些励志故事，譬如：被多家企业拒绝的小张最终成为亿万富翁，不服老的王大爷在晚年创造了一项世界纪录……

我们从小受到的教育以及成长的环境将我们带入了一个巨大的误区：我们总是在追逐别人告诉我们应该去追逐的目标，我们的努力是为了达到在别人眼里看来很好、别人都推崇的状态，我们总是“为了别人”而活。

实际上，你的内心深处并不一定想要个大房子，不一定想结婚，你也不在乎是否有一份体面的工作，可现实的压力和思维的惯性一直在强迫我们去追寻我们本身并不想要的东西，强迫我们为了一个自己并不想达成的目标而努力。

那些通过自身的努力而成为万众瞩目的明星、身价百万的富翁、指点江山的风云人物的确是很厉害，普通人都对这些人崇拜有加，甚至视其为偶像。但是无论这些人多么厉害，如果他们达到的成就并不是你能达到的，你根本没有任何必要去羡慕这些人，因为他们和你并不在一个频率上。

马云的确是通过努力才做成了阿里巴巴商业帝国，许多人都在分析他的思维方式、生活习惯，将他说的一些话奉为金句，仿佛能从马云身上学到些努力的经验就能像马云一样成功了。马云之所以会努力去做阿里巴巴，那是因为他热爱自己的事业，他所做的是他真正喜欢的、真正想做的事，如果让马云去唱歌、去演戏，让他做着并不喜欢做的事，他就可能不会像现在这样成功了。

许多人总是试图追逐那些光鲜亮丽的目标，但他们的内心深处却又在不断地提醒着自己“我并不想当个律师”“我根本不喜欢学英语”“我讨厌做产品经理”……在这种情况下，你根本不可能做出真正有效的努力。

努力的前提，是你要先确定你努力的方向是出于你的本心，是你真正想做的事。当你朝着一个你内心并不认同、并不喜欢的方向努力时，你的努力就的确是一种牺牲了，也就是人生的消耗。

如果你在做着自己想做的事，那么你根本就不需要任何激励和自我感动来给予自己力量，不需要任何促使你变得努力的外界动力和方法，因为你本身就已经处于努力的状态中了。

你要意识到现实的诸多限制因素。我们不可能总做自己喜欢做的事，我们很多时候被迫要去做一些自己不喜欢做的事，许多我们不喜欢做的事也需要我们努力去做。

如果你生活的整体方向是朝着自己喜欢做的事、朝着自己想达成的目标在前进，那么那些你不喜欢的、你讨厌做的事也将只是你宏大使命的一部分，你会清醒地为之付出努力。

很多人虽然看起来是行动着、思考着的，但其实和在睡梦中并无区别，他们很少会主动思考问题，他们也并不知道自己每天的所作所为意义何在，他们从没想过自己究竟要去往何方。所以你看到许多人浑浑噩噩地上学，浑浑噩噩地毕业，浑浑噩噩地工作，浑浑噩噩地结婚。他们也曾努力追求过，也曾沉下心坚持付出过，比如上学的时候努力学习，谈恋爱的时候努力为对方付出。但他们却从没想过自己为什么要努力学习？自己通过努力学习要达到什么目的？为这个人付出是否值得？是不是真的想和对方在一起？

如果我们不能为了自己而活，如果我们囿于别人的评价、现实的种种限制而不得不去做一些自己并不喜欢的工作，如果我们还没有遇到自己真正喜欢的人却因为害怕孤单而随便找了个人恋爱，那么我们来这世上走一遭又有何意义呢？

随着年龄的增长，对于生活中的失控感和茫然，我们体会得越来越清晰，我们会发现有些事情做也行，不做也行，有些人见也罢，不见也无妨，所以我们会逐渐感觉生活好像变得越来越不真实，不知不觉时间就过去了，而我们却什么都没有留下。

这种失控感和茫然其实就源于我们从来都没有做过真正的自己，我们也没有明确果断地去追寻过自己的目标，所以未来会变得越来越模糊、越来越不确定，我们的内心也就越来越空虚、越来越浮躁。

我还必须要提醒你，虽然我在鼓励你不要畏惧各种各样的限制，勇敢地去追求自己想做的事，但是你一定要“清醒”。清醒的意思是，你可以选择去做你想做的事，但同时你也完全可以不去做你想做的事，你对此拥有百分之百的绝对选择权。因为我们不可能将现实层面的所有限制都忽略不计，假如你父母身患重病，家里还有妹妹在上学，还欠了一百万元的外债，这个时候你想要追求梦想去造火箭，很明显，做出这样选择的你并不清醒。

无论你是否会选择努力去追求梦想，那并不重要，重要的是，你得清楚自己在做什么。

如果现实层面的各种因素使你的确不能去做自己想做的事，那就没必要再为此纠结。因为做喜欢的事并不是你必须要做出的选择，所有的选择在本质上都是平等的。

人生的旅程就是不断地做出一个又一个的选择，如果每一个选择都是你清醒且主动的选择，那么，在你的生命中，你就是自己的主宰者，这对你而言是值得骄傲的。

04

你是为自己而活，要对自己的一切负责。

许多人浑浑噩噩就度过了一生，许多人不求上进，许多人痛苦无助，我认为本质的原因就是这些人没有清醒地意识到并且接受：每个人在这个世界上都是“孤独”的，一个人拥有什么、失去什么，所做的选择带来的后果是好是坏，全都取决于自身，和别人毫无关系。

能为生活负责的只有自己，未来是好是坏也都是取决于自己做了哪些努力。

请你再读一遍上面这段话，我相信你一定能够明白我在说什么。

你知道什么是自律吗？

大多数人简单地以为自律就是能够控制自己去做一些自己不想做的事情。实际上，没有任何人能够强迫你，包括你自己。一个人之所以会做一些他厌恶的、不想做的事，必然是因为在内心更深处有一个更大的意愿支撑着他，他只是在履行自己的意愿，在达到自己的目标的过程中做了一些很必要但不一定是他喜欢的事而已，然而那些他不喜欢做的事，却也是他达成目标必需的一部分。

所以，一个想实现财务自由的人会努力地工作或者学习投资，尽管工作或学习可能都不是他自己喜欢的。

一个想成为伟大作家的人会通读各种风格、各种类型、各种文体的文学作品，尽管总有那么一些是他不喜欢的。

一个想成为世界第一的运动员会抓住一切能用的时间训练，尽管高强度训练下的疲劳是他想逃避的……

为什么他们会去做那些他们不一定喜欢做的事？为什么他们在别人看来是非常自律的人？

那是因为他们都有着一个明确的目标与清晰的意愿，而这些意愿与目标只可能是来自他们已经对现实与自身产生了清醒的认知，他们能够为自己所做的选择和行为负责这一前提。

当你意识到你自己的行为与你的生活之间有着明确的因果关系的时候，你就会懂得对自己负责，从而变得自律。

你不再需要外界给你压力和动力，你不再需要父母再对你耳提面命，你更不需要非得受到别人取得成功这样的刺激才能清醒。因为你知道别人对你的期待或责备都与你本人毫无关系。

你现在所做的一切都会给你未来的生活造成相应的影响，无论你在短时间内得到了什么或失去了什么，那都无所谓，最终在生活中沉淀下来的一切，都是和你真实的能力相匹配的，知此，你就不会再欺骗自己。

我们是群居动物，我们从小被呵护着长大，我们有国家、警察、法律保护着我们，所以在潜意识里我们会混淆群体与个体的概念。

所以，我们总是无法完全独立，我们在潜意识里总是会把属于自己的责任推给别人，我们会下意识地期待别人把我们生活中的一切都打点好。

尽管随着年龄的增长，我们逐渐与父母分开，也在某种程度上逐渐变得成熟，但在心理上还是会习惯性地想依赖别人，出现问题时很少有人第一时间想到的是靠自己的能力去解决。

从小，我们的教育也都在强调集体主义，而我们的生活又是在集体之中，因此从概念上，我们对自身个体的认同是脆弱的，是不明晰的。

大多数人无法面对“孤独”，他们甚至甘愿坐在集体狂欢的角落里也不愿面对真实的自己。日复一日，他们慢慢就和真正的自己绝缘了，他们就活在了集体的光辉之下，他们就活在了别人的目光里，他们就只会用集体的规则与标准来定义自己。

这些人没有发掘自身的意愿，所以他们总是觉得自己无所适从，总是觉得眼前做的并不是自己真正想做的事，直至他们的一生都在一条错误的道路上迷惘和寻找，一生都在漫无目的的挣扎中被虚耗。

只有当一个人敢于跳出“集体”，才能够有勇气面对孤独的本质，面对孤独的自己，才能不再依赖别人，才能真正强大，才能真正成长。

当一个人意识到并且接受要为自己负责的时候，才开始真正地活着。

05

在这么多年的生活中，我自己在对社会、对世界的认知上做出过无数次大大小小的调整，我尝试过许多不同的生活态度与处世准则，我希望自己能找到无论是从内在还是从外在都能给我源源不断能量的人生信念。

保持危机感，或许不是最好的，不是最有效的，但它却是最有稳定价值的“生存”法则。

人在本质上是一种动物，在物竞天择的自然法则之下，求生本能是我们繁衍至今最强劲的动力。

随着人类的发展，我们建造了房子，拥有了社会福利，还有勤劳的双手，我们最基本的衣食住行等生理需求和安全需求都能够得到保障，因此就使我们的本能退化了。

一个人在何种情况下是最有动力、最敏锐、最警觉、最强大的？

那就是在他的生存受到了威胁，他最基本的生命延续的需求受到了威胁的时候。

因此，保持危机感是一个人从根本上能够发挥自己最大能力与潜力的法则。

不可否认，有些人同样因为对物质的追求、欲望的驱动、对智慧与生命本质的探索等而发挥了自身的力量与潜力，但这种主动出击的人只是少数。对大部分人而言，他们很难因为对某种外物的追求，或仅仅是满足片刻的欲望及成就感而能够打败自身的懒惰与懈怠，去踏踏实实地做一些事情。

只有转变思维，转换看待问题的角度，不再从外界或者是从不可控的因素里来寻求动力，而是激发你最原始的天性。站在现实的层面，这样对大部分人而言会更好一些。

现在，我们来谈谈这一条在生活中的实际操作将是怎样的。

比如戒烟，许多人都知道有一本神奇的书叫作《这本书能让你戒烟》，据说，看完了这本书的人基本都把烟戒了。

但是，很多人会因为“害怕”自己真的把烟戒了而对这本书十分抗拒，所以从一开始他就放弃了改变自己的机会，同时也放弃了与之相随的谨言慎行、赞美别人、坚持努力等能令自己变得更好的机会。

从一开始，你的内心就是抗拒的，无论读多少心灵鸡汤，无论看多少精神格言，对你而言也只是看的时候一时醒脑，一旦丢下手机、放下书本，你还是会像以前一样浑噩度日、懒懒散散。

你会发现，你的放弃或抗拒，恰恰是在绕开“保持危机感”这条法则。

保持危机感是为了即便自己潜意识里讨厌某些事情，但你依然能够坚持去做这件事情。同时，保持危机感也是为了能让你在一开始就清醒地意识到，并真正地接受，你的一切行为，都是为了你自己，你需要为你自己的言行、为你的作为、为你的家人、为你的未来负责。

保持危机感，它是一个起点，是你真正为自己而活的基石。它也从另一个维度上令你变得警觉，让你学会为自己负责。

你戒烟，是因为烟会危害你的健康，甚至危及你的生命；你努力工作，是为了避免失业，避免你在自己各种欲望高涨的时候无法得到满足；你不在晚上十一点之前睡觉，你在第二天就无法保持充沛的精力；你吃太多的垃圾食品，就会危害你的身体健康……

那么，保持危机感到底是一种什么样的状态？具体又该如何操作？

保持危机感，从根本上说就是要变得觉知。

你需要时常提醒自己，并且经常用一些危机来刺激自己。一开始，你可能不会因为害怕虚度光阴、害怕错过时机而马上拥有行动力，但至少会令你不再安然地打游戏、拖延……

为自己负责和保持危机感这两点分别是从内在和外在两个方面去改变自己，其核心是希望你能够去做一些你想做却从来没有付诸行动的事。

你必须要有耐心，并愿意持之以恒地通过提醒自己，来改变自己潜意识里对自身与现实的认知，从而令你的行为逐渐改变。

这世上不存在一蹴而就的成功方法，也没有你看了马上就能改变人生的文章，重要的是，希望我写的这些文字能给你的思想打开一扇窗，令你意识到，那些深埋在你内心的想法或许可以尝试并坚持一下。

说不定，你的人生就会因此而踏上转折的起点了呢！

怎样找到自己真正想做的事？

01

和很多人一样，我也曾纠结于生命有时候的无意义，感觉生活了无生趣，自己所做的事情并不是自己喜欢的。

这种想法从高中时代便在我的脑海中翻腾。对于找到一件自己真正想做的事情的渴望也驱使着我做了非常多的尝试，其中一些，现在看来甚至有些离经叛道。

在做这些尝试的过程中，我遭受了许多人的不理解，但与此同时，也令我结识了许多对我的人生产生重大影响的人。

经过这么多年的尝试，我现在已经找到了我真正想做的事。

而且，在这探索的过程中，生命给我的回报远远超出了我曾经的想象。

回望自己的过去，我才发现，找到自己真正想做的事的真实状态，其实和我一开始的想象截然不同。

因此，我想把我的经验分享给大家，也希望你能够“成为真正的自己”。

02

对于“找到自己真正想做的事”这一点，有四个常见的误区：

1.很多人对于“自己真正想做的事”的理解是，在世界的某一处存在着一件独属于他的事情，他只需要不断地去寻找，直至找到它就可以了。

2.很多时候，人们往往意识不到或者不愿面对自己的真实动机，他之所以宣称要去找到自己真正想做的事，只不过是对当下生活的逃避。

3.他们认为只要找到那个自己真正想做的事情就万事大吉了。他们往往会产生这样一种幻觉，只要找到了这件事，他就能全身心地投入其中，不再懒惰，不再拖延。

4.很多人在考虑是不是喜欢一件事的时候，所持的是一种理性的工具主义的态度。他们往往会在潜意识中盘算这件事是否辛苦，是否能让他获得别人的关注和认可，能否给他带来足够的收益之后，再“决定”自己要不要喜欢这件事。

这四个误区的影响深远。不过，在讨论怎样找到自己真正想做的事情之前，还有一个更重要的事——弄清你为什么想找到自己真正想做的事。

你有没有发现，不同的人对于“做自己真正想做的事情”的渴望程度是不同的？

可能，你听过身边的很多人都抱怨过，我现在做的事情我不喜欢，我现在的工作很无聊……

但是有些人会因为所做的事情不喜欢，就产生强烈的抗拒，并天天盘算着辞职；有些人知道自己所做的事情自己并不喜欢，但他对此并无感受；有些人一直做着他一开始不喜欢的工作，后来逐渐喜欢上了；还有些人一直都渴望着去做某件事，但真的有机会去做了，他反而做了没多久就觉得索然无味。

你可能认为你这辈子如果不能够做自己想做的事，就是枉活一生，所以当你没能做自己喜欢做的事情时，你就会很痛苦。

你父亲可能对你说，不对！什么做想做的事，能赚钱才是王道，你也不看看这是个什么样的社会，做你想做的事？信不信会饿死你！

其实，重点不是你和你父亲的观点谁正确，而是为什么你会因为无法做自己想做的事而万分痛苦，但你的父亲却根本不在意这些？

你想一想，为什么会这样？

其实答案很简单，因为人和人是不同的。

你可能会觉得这个回答太平常了，毫无出彩之处。但我想说的是，这句话的内涵是说，你和别人不一样，别人的经验对于你而言，完全没有意义。

你和别人不一样，所以你喜欢的，别人不一定喜欢，而别人喜欢的，你也不一定会喜欢。

你和别人不一样，所以你应该做你自己，别人的喜好、评判标准，等等，都和你没有丝毫的关系。

这也就意味着，于你而言，“了解你自己”才是最重要的事情。

如果你清楚地知道，自己想在小城市里过安逸的生活，那么当你在人城市打拼时，你当然会觉得痛苦；如果你知道你是一个很容易记仇的人，那当你强迫自己宽容别人时，你当然会觉得不舒服。

但问题是，你一生下来就开始被周围的人和环境“洗脑”，他们告诉你，你要努力读书，学习成绩好才能考上好大学，考上好大学了才能找到高薪工作，找到高薪工作才能有钱，有钱了就会快乐，等等。

你相信了这些话，并认为自己只要实现了这些目标，就能过得快乐。

而且，你还看到，自己的发小、同学都在追求这些东西，这更加坚定了你的想法。

但事实上，你和别人不一样。

你从始至终都是在被周围的人“压迫”和“忽悠”着，被他们的语言和暗示蛊惑着，你害怕被抛弃，于是你不由自主地开始追求那些所谓的你应该追求的东西。

你以为你考上了好大学就会开心，但你没有；你以为找到了一个高薪工作就会开心，但你没有；你以为你年纪轻轻就挣了很多钱，在大城市买了房又买了车就会开心，但你没有。

你发现，想要开心，快乐这个目标是移动的，当你千辛万苦终于接近这个目标时，他又跑到了很远的地方。

这是为什么呢？

因为人和人是不一样的。

就像你看重做自己想做的事的快乐，而你父亲看重的却是赚到很多钱的世俗意义一样，你们只是看重的东西不同而已，这无所谓对错，也不存在好坏的问题。

但问题在于，所有人都试图在让别人变得和他一样。

你父亲自己看重金钱，他想让你努力赚钱；你的老师看重学习的意义，他就想让你努力学习；也许等你为人父母的时候，你也会对你的孩子说，学画画多好啊，老爸给你报个班吧！

但是赚了钱会开心的是你的父亲，学习好了会开心的是你的老师，你的孩子画画学好了会开心的是你……

这就是我们一代又一代人的天性被埋没和压制的过程。

人本主义认为，“自己”，是指一个人过去所有生命体验的总和。

假如你过去的生命体验都是你“被动”参与的，也就是按照别人的意志生活，那么你就会感觉到没有做真正的自己。

如果我们没在做自己，那无论你过去的经历在别人看来多么美好，多么成功，多么优秀，你都会感觉不舒服。

几乎所有人从一出生都在被父母、家长、老师等人压制和操控着，他们无法理解孩子的想法和行为，他们只会从自己的角度出发，剥夺孩子选择的权利，强迫孩子接受自己的意志，威吓孩子去做他不愿意做的事。

几乎从出生到现在，我们每个人都不是在做自己。

因为父母和外界环境的压制剥夺了我们“自由探索”的机会。

03

那么一个高度接纳自我，能够“做自己”的人是如何长成的呢？

他从小就有一个自由的成长环境，或是在成长的过程中开始“觉醒”，他基于自己的天性和好奇心去探索这个世界，在探索的过程中发现了一些他喜欢做的事情，并逐渐成为他的兴趣，对兴趣的探索和练习越来越深入，最终内化成了他的理想或目标。

因为他的好奇心和天性得到了充分释放，所以他会孜孜不倦地去了解这个世界的广度，钻研这个世界的深度。

他会充分信任自己的感觉，对任何事情都有自己的理解和看法，最终，他将成为一个活得很充实、对生活充满热爱与激情、充满创造力的人。

这里，我们再回到文章开头提到的四个误区。

“找到自己真正想做的事”，根本就不是一个在外部世界寻宝和发掘的过程，而是一种对自身天性的探索与发展。

假如你抱着一种“寻找自己的天命所在”的态度去寻找的话，

那你注定是要失败的。因为真正的答案不在外部世界，而在你自己的心中。

而且，你是否喜欢一件事情往往也是由非理性因素决定的。

你认为做这件事情很有前途，选择这个职业会让你活得光鲜，成为某种人会很酷，等等，然后就把这件事情设立为你自己的终生目标，然后逼迫自己去为此奋斗，这是不可能快乐的。

如前所述，人和人是不一样的。

有些人不会过度在意找到自己真正想做的事，而有些人就一定要做自己真正喜欢做的事才能够开心。

如果你看到这篇文章的标题，然后再开始看这篇文章，并且还看到了这里，那么你很可能属于后者。

这就意味着，如果你做的不是自己“真正”喜欢做的事，那么你的梦想是不会停歇下来的。

你骗不了你自己，你也没办法用一个在别人看来很好的理由说服自己，你更没办法强迫自己去做自己不喜欢做的事。

你幻想着，一旦你找到了那件你真正想做的事，你的生活就会发生翻天覆地的变化。

但我想告诉你的是，这种情况其实并不存在。

你想改变自己生活的方方面面，只能靠你方方面面地改变自己。

“找到自己真正喜欢做的事”并没有那么大的魔力。

那么你渴望找到自己真正想做的事，对你而言这到底意味着什么呢？

这其实是你对自己发出的一个信号。

你常年压抑着自己，一直被社会和他人的要求和期待牵着鼻子走，你过去所有的生命经验都是你被迫参与的。

这样的生活过久了，你的内心自然就会生起厌恶，并不断地给你发出信号：这不是你想要的生活！

但是呢，你却从不敢从这种你习以为常的生活中逃离出来。你害怕别人看不起你，你害怕自己一旦去追寻自己内心想要的东西，就会失去现在所拥有的一切，最终落得一个众叛亲离、孤立无援的境地。

你可能在想，一边做着一份不喜欢但能养活自己的工作，一边慢慢地找寻自己喜欢做的事，先慢慢攒钱，等钱攒够了再去尝试那些自己想做的事情，这也算是一个折中的办法。

然而，这往往是不可能的！

你会发现你在做你不喜欢的工作时，那些无聊的琐碎会将你完全淹没掉，让你根本没时间去探索自己，你的钱永远都攒不够，或者攒够了你也不敢迈出那一步，折中的办法没有用，你还是处于被掌控的境地。

让你活得不自在的根本原因，不是外在生活对你的压迫，而是你的恐惧。

这种恐惧会一直压迫着你，令你始终无法释放内在的自我。

你骗不了你自己。

即便你的钱攒够了，你也真的出去探索了，你还是找不到答案。

因为恐惧一直存在着——你害怕失去由“外在的你”所创造的一切现状，不敢释放“内在的你”。

这就是为什么我说不存在折中的办法的原因。

因为外在的你和内在的你本身就是不兼容的，如果二者能兼容的话，你也不会想着要去寻找真正想做的事情了。

电影《搏击俱乐部》中有一句台词：“self-improvement is not the answer, maybe self-destruction is the answer.”

意思是自我成长只是自我安慰而已，只有全部毁掉才能重新开始。

你要明白，你现在所有的思维模式都是由于外在的环境和他人的影响塑造的。所以，你在探索世界看待问题时，总会不由自主地以那种功利性的思维去衡量周围的一切。

如果你还是那个“环境塑造的外在你”，无论怎样尝试和寻找，你都不可能找到自己“真正”想做的事。

“那些都是很好的，可是你偏偏不喜欢。”

对于你而言，好还是不好，有前途还是没前途，能赚钱还是不能赚钱，这些对你而言根本不重要。

你喜欢还是不喜欢，才是最重要的。

那么，怎样找到你真正想做的事情呢？

比起拼命从外部世界寻找，静下心来，逐渐成为你自己，更重要一些。

重要的不在于你所做的事情是不是你喜欢的，而在于你的心态——你内在的态度。

当你感觉不是在做自己的时候，即便做着一件你以往很喜欢的事情，你还是会烦躁不安，无法安然地享受生活中的一切。

而当你做自己时，也就无所谓喜欢不喜欢了。

因为一切都是你的主动选择，艰难—容易—伟大—渺小，这些都不重要了。

我再重复一遍，重要的是你能否遵从自我的内心。

04

那么，我们要如何成为自己呢？

通常来讲，有两个步骤：打通阻碍，然后自由探索。

这两个步骤往往是同时进行的，这意味着你要开始修改和调整你的生活，将那些阻碍你做自己的事物都清除掉。

我们可以假设你的精神层面存在着两个你，一个是你的“真我”，一个是你的“社会我”。（当然，这种假设是不存在，也不严谨的。“真我”这种说法可能会将你带入一个误区，让你认为“真我”就和那个外在的你喜欢做的事情一样，只要寻找到就可以了。但不是这样的，这个比喻只是为了方便你去理解。）

你的“社会我”往往会为了生存或者旧有的观念，做出很多违背本心的事情。比如，你为了未来的生活而选择了一份高收益的金融类工作，但实际上你想成为一个画家。你很想辞职，好好休息一段时间，但你又害怕自己辞职后无法养活自己，所以迟迟不敢辞职……二者的冲突常常让你痛苦不堪。

这时，打通阻碍，就意味着你要解决二者的冲突。

由于前文我们对社会环境对于个人天性的压制进行了批判，可能会让你认为，打通阻碍的方法就是让你的“社会我”彻底消失，从今往后完全随心所欲地按照你的“真我”生活。

不，不是这样的。

不管你现在是什么年纪，你已经在这个社会上生存了一段时间，你是不可能完全抛弃你的“社会我”的。而且如果没有理性的控制，人类天性中懒惰、拖延等负面习性，只会让你废掉。

所以打通阻碍的本质是指“社会我”和“真我”的整合，更准确地说，是让你的“社会我”为真我服务。

这就意味着，如果你想成为一个画家，在一边工作的同时，一边利用业余时间画画，是更为理性的选择。

如果你想辞职休养，那等你做清楚了预算，攒够了钱之后再辞职更为妥帖。

这听起来和前文所说的由于恐惧而不敢打破自己的“社会我”有点儿矛盾了。

但事实上，这完全是两个层面上的问题。

你因为不敢冒险，所以不敢辞职，最终采用了一边工作一边画画的折中办法，这和你深思熟虑之后决定一边工作一边画画，虽然做法看上去是一样的，但在本质上却大不同。

如果你回想一下我的分析思路，你应该清楚其中的区别，前者你是被迫的，而且这并没有改变你的痛苦，而后者却是你的主动选择，你不会再感到痛苦了。

不过，这个例子还是过于理想化了。现实生活中，很多人往往连一个真正的兴趣都没有。而对于一个没有兴趣的人来说，他在“打通阻碍”之前，还会先进行“自由探索”——去完成在童年时候未能完成的对这个世界的探索。

你要做的事情是了解自己，分析自己，然后做出尝试和改变。

是的，听起来都是很虚的话。

但是，你有试着在纸上记录你的想法和行为，试着分析这是你的“社会我”还是“真我”的意愿吗？

你现在可能有着一份不错的工作，但你有试过在空闲的时候去做发传单、当服务员之类的兼职来体验生活吗？你有试过主动在大街上找陌生人搭讪吗？

事实上，我们可以做的事情很多。但问题是，我不能也无法给予你一个明确的操作步骤。

因为每个人的人格完善之路是不同的，无法制订一个精准的、可量化的标准。所以，我也不能确定你去做的那些事就一定能够得到怎样的结果，因为这个过程充满了不确定因素。

没有人知道你做出一个选择是主动追求，还是被动逃避，只有你自己清楚，只有你自己最了解自己。

给自己一些改变的时间，带着症状去生活

焦虑症有时会令人手抖出汗，心跳加速。有一次，我心跳加速的时候，忽然产生了这样一个念头：如果全世界的人都有焦虑症，那会怎样呢？更大而化之地说，如果世界上的所有人都会在30岁的时候得癌症，那又会怎样呢？

我想，如果世界真的那样了，那我们的社会文化就不会再把癌症当成“癌症”，它会是一项正常的，能被我们所有人接受的客观现实。30岁前努力过好自己的人生，并为30岁后的生活做好准备。到了30岁的时候，心安理得地接受患上癌症的事实，然后一边接受治疗，一边心态平和地继续生活。

这些会成为社会化、习惯化的我们的一种主流化的生活方式，就像女性每个月的生理期一样，没有人再会对这些事情感到诧异或绝望。

我们总想一劳永逸地解决所有问题，这是我们认知上的第一

个误区。

我们总认为当下的问题会是糟糕至极、无法忍受的，这是认知上的第二个误区。

其实，人的适应性和承受能力远超我们的想象。

现在的我们难以想象没有手机的生活，但是一百年前，仅靠信件联络的人们的生活也是丰富多彩的。

人们遇到问题时通常都会思考“怎样摆脱这些问题”，但痛苦也会因此越来越多。

人生会出现各种各样的问题，永远都解决不完，逃避问题只会带来更多的问题和痛苦。

正因如此，心智上的成熟，和心态上的健康，便意味着一个人能够学会接受——接受生命的无常，接受问题永远是解决不完的，接受真实的人生。

在很多时候，心理咨询并不是去消除或解决一个来访者的痛苦，而是教会来访者放弃治疗，带着症状去生活。

事实上我们每个人都带着各种各样的症状在生活。因为心灵上的痛苦也是我们人生的一部分。

问题在于，我们小的时候被灌输了一种对人生的错误认知，认为没有痛苦的人生才意味着幸福，幸福就意味着没有任何烦恼和担忧。

这种错误的认知导致人们不能接纳自己的症状：不能接受焦虑，因此更加焦虑；不能接受抑郁，因此更加抑郁；不能接受恐惧，因此更加恐惧。

这种不能接受的症状之上又在不断地产生新的症状……

此刻的你应该刷新一下对幸福人生的定义——幸福是接受痛苦的同时，对快乐的主动选择。

这个定义有两层含义：

一是接受痛苦。接受了痛苦，我们才不会再为痛苦烦恼，而是以一种平静的心态将其视为寻常事物。

得了绝症之后，有的人彻底放弃了正常生活，整天沉浸在消沉和绝望之中，也有的人接受了患上绝症的事实，继续享受着接下来的人生。

二是主动选择。幸福的人生，是当事人主动选择的结果。

你选择关注生活中痛苦和消极的一面，就会看到更多的消极；你选择关注积极和快乐的一面，你便会拥有更多的快乐。

但很多人都习惯于消极的思维方式，他们意识不到快乐需要自己主动去追求，他们也不愿意去主动尝试。

《哈佛幸福课》里提到的一个建议给了我很大的改变：每天记下五件值得感恩的事。

你也不妨试一试。

或许当你明天早上起来，寻思着有什么值得感恩的事情的时候，就会产生一种和我一样的奇妙感觉：原来只是一个视角的改变，便对整个人生的理解不一样了。

如何做到遵从本心，不自欺，不做作

想要做到遵从本心，不自欺，不做作，很简单，做到两点即可：

第一，坚持自己的想法，并愿意为此承担应有的代价，愿意忍受不做作、不自欺所要承受的损失。

第二，能够经受超出自己能力和需求的诱惑。

国产“神剧”《大明王朝1566》中的海瑞，可谓是遵从本心，不自欺、不做作的典范。

他明白自己的核心目的，就是要反对不体恤百姓、玩弄权术、搜刮民财的嘉靖帝，所以他经受住了同僚的规劝、上司的恐吓，甚至是嘉靖帝本人的收买。

他从一开始就知道自己可能失去什么，性命、前途、家庭，但他毫不犹豫，三次向王用汲托孤，更在上书骂了皇帝之后，买了一口棺材。

正因为他已经做好了最坏的准备，实现自己的目标可能遭受的损失，同时也经受住了一切超出核心目标的诱惑，所以他才能在全剧中强硬地“怼天怼地”，谁都不怕。

但活在这个社会上，又有几个人能像海瑞那样，愿意抛弃一切，明知是死也要去实现自己的目标呢？

人是社会性动物，这从根本上注定了——做自己是要付出代价的。

一个学生不喜欢读书，不想上学，可以，这的确是他现在的“本心”。问题是读书对大部分人来说，是在这个社会中过上有保障生活的最好出路。

这是个非常现实的问题，而且，一个十几岁且没有经历过人间疾苦的人，他是没有资格也没有能力去确定自己能否承受得起不上学所要付出的代价的。

他没有经历过不上学后找工作的辛苦，他不知道因为学历低只能做些低端工作的艰辛，他也不知道将来拿着微薄的月薪在社会上生存都艰难的自己是否还有力气去思考“做自己”的问题。

同时，在你的成长过程中，你一定会不断地经受各种各样的诱惑。

瑞·达利欧的《原则》里有这样一句话：你需要学会区分你

的目标和欲望，欲望是那些会阻碍你实现目标的东西。

一个人生阅历不够丰富的人，通常是很难拒绝诱惑的，因为很多时候，他连自己的欲望和目标都无法分清。

一个没有丰富阅历，没有经历过与社会磨合的年轻人，他很容易把自己的“欲望”和“目标”混淆。

基于欲望的驱使，想赚很多钱，想获得更多人的认可，想和更多的异性接触，这些都会被天真的他当成人生目标。

然而真正的人生目标，指的是一种宏大的使命感，它和欲望无关，和“代价”也无关。

使命感是你在认清这个世界之后，开始真正思考自己作为一个只有短短几十年寿命的人，想要追求的意义和创造的价值。

为了这个目标，你愿意付出任何代价。

为了实现自己的使命，那些有诱惑力的东西，你也愿意舍弃。

但是，没有丰富的阅历，没有经历过与社会磨合的你，是很难做到这一点的。

孔子曰：“吾十有五而志于学，三十而立，四十而不惑，五十而知天命，六十而耳顺，七十而从心所欲，不逾矩。”

孔子七十岁了，才能从心所欲而不逾矩，也就是说，只有到了这个境界，你才能够遵从自己的“本心”，抵制住诱惑。

圣贤如孔子，要达到这个目标，也要经历“不惑”“知天命”“耳顺”这三个阶段，更何况我们普通人呢。

海瑞敢遵从本心反对嘉靖的时候，已经快五十岁了。而且，他也不是那种“愚直”的谏臣。一部《大明律》背得滚瓜烂熟，在任何情境下，他都能拿出最合适的条文来达成自己的目的。

他头脑清醒，深谙人性，知道办案查真相也要讲求谋划。

从这个角度来看，做自己，不只是简简单单的“从心所欲”，“不逾矩”才是最核心的本质。

从心所欲和不逾矩矛盾吗？

逻辑上的确是矛盾的。但对于个人来说，如果那些“矩”已经被他“内化”，这时候“欲”与“矩”已经两相融合，合二为一，这两者就没有矛盾了。

遵从本心的前提，是要先降伏此心，修炼此心。未经打磨的“心”，其实是“欲望”。这样的“遵从本心”，无非是让自己做“野兽”。

很多年纪尚轻、阅历不足的年轻人，打着“遵从本心”的旗号，其实不过是以此作为借口，逃避责任，不敢面对现实而已。

给自己一个遵从本心的安慰，就可以心安理得地不去努力，不去探索，不去尝试，而沉溺于自我放纵。

想遵从本心，先要超越欲望，超越感官的享乐，超越虚荣，超越自己的心理防御机制，还要有丰富的阅历、通达的智慧、放弃的勇气。

没有这些，那些大谈特谈归隐山林、谈虚论玄的隐士，沉溺于酒色声名的“成功人士”，多数不过是披着看似超脱的外衣在自欺欺人罢了。

没有人有资格定义你，同样，你也无权定义别人

01

“这么好的工作你竟然辞职了？你是不是有病？”

“连这点儿小事都做不好，你真是个蠢货。”

“你这人太内向了，成不了大事。”

在我们的生活中，这样的评判随处可见。

这样的评判是一种很原始的试图操控他人的手段。

从我们学会理解词语的时候起，父母就在用“你真是个好孩子”“你真棒”这样的语言来鼓励我们的那些“好”的行为。

同时，他们还会用“你这孩子太坏了”这样的语言来压制我们的那些“坏”的行为。

我们从小就是被这样对待的，同时整个社会也都是通过这样的方式来交流和运转的，几乎没有多少人会察觉这有什么不对

的——我们通过别人对我们的评价来认识和定义自己。

通过这样一种“外在评价系统”令我们每个人都牢牢地保持着非常多的“社会属性”，并在这种“社会属性”驱使下，令我们产生了许多的追求，从而不停地创造“社会价值”，以维持社会的运转。

但问题在于，对于你个人而言，如果你接受了别人对你的评判，就会导致你对自己的认识变得模糊，同时你会被别人操控，按照别人的意愿去做那些别人希望你去做的事情。

但我们每个人都有着独一无二的自己的想法，别人的评判会和我们自己的想法产生冲突。于是，这种冲突就会导致我们处于“自我分裂”的状态中。

正常情况下，我们能够坚持做自己，以自己的看法、感受和对自己的认识为主导，同时也能够从别人对我们的评价和建议中有选择地重新认识和改进自己。

但自我分裂的状态往往导致人们会抛弃自我，依据别人的期望、观点和评价来扮演自己，他们总会怀疑和否定自己的感受，以至于很多时候无法分辨清楚自己的真实感受是什么。

比如，某人因为总是被身边的人否定，而始终无法体验到自信，并且会潜意识地认为自己总是会失败。

还有：

你是否时常被你的父母或亲密的人否定？

你身边是否有人常常自以为了解你而对你妄下推断？

你是否时常听到有人对你说："你应该这样，你应该那样？"

是否有人"鼓励"你："你做得很好，要加油啊！"

是否别人告诉你："你这样令我很满意，你继续这样做我会更喜欢你？"

是否有人在你耳边喋喋不休："你要找份体面又稳定的工作，找个好老公（老婆），买所大房子？"

…………

现在，你可以不接受这些人对你的"评判"。

不仅仅是那些负面评价会令你怀疑自己，别人对你的鼓励与认可同样也会令你迷失。

你现在应当意识到，没有任何人能够评判你。

我知道，看到这里，你本能地想要反对我：

第一，如果完全不接受别人的评价，这也太绝对了吧？

第二，别人对你的鼓励有时候也会起到好的作用，别人对你的贬低有时候反而能催你奋进。并且，有时候多听听别人的意见才能看到自己的不足，从而规避风险，帮自己做出更好的选择。

问题其实不是在于结果的好坏上，而在于我们对于这套“外在评价系统”的态度上。

如果我们能够以自身的观念和感受为中心的话，那当然可以有选择性地接受别人的建议和观点。

但如果我们是处在长期习惯遵循外在评价系统的话，那么，即便是通过吸取别人的建议规避了风险，通过受到别人贬低的刺激获得了进步，这些从本质层面上来讲也是无意义的。

重点在于你从“外部评价系统本位”到“自我意识本位”的转移。

这是两种截然不同的思维和生活方式，所以，你需要一个适应期。这个适应期意味着你需要一定的试错和牺牲，并且是必须的牺牲——因为只有犯了错误，才能深刻领悟到做出改变的必要与途径。

也就是说，你选择不再搭理别人对你的评价和建议，这的确可能令你碰壁和受挫，但只有这样，你才能够形成真正属于你自己的经验，你独自去面对风险和挫折。这样，“你自己”才能够成长起来。

人在看待问题的时候，会本能地忽略掉自己的错误。

当我们在不停地谈论“别人不能定义我们”的时候，其实这是在将错误完全归结于别人；但事实上我们自己，也时常在定义和评判别人。

“×××太蠢了，谁会喜欢他呢？”

“你看×××脖子上戴的那条大金链子，不就是想炫富嘛！”

这样的话其实也经常从我们的口中说出。

为了急于证明自己没有那些从别人身上体现的不好的点，为了平衡我们内心的嫉妒与愤怒，为了控制别人，我们也会去定义和评判别人。

同时，为了避免“身份焦虑”，逃避责任，以及“自我接纳度”的缺乏，很多人时常会给自己下定义，贴标签。

“我是一个美食控”“我是个女汉子”“我就是一个很懦弱的人”……

在这个信息量“过载”的时代，人们普遍会陷入一种不知道自己是谁，无法描述和表达自己的困境。

于是，给自己“贴标签”，就作为一种缓解身份焦虑的手段而被广泛使用。

当一个人说出“我是女汉子”的时候，其实她真正想表达的是：“我希望你认为我是个鲜明的、有独特个性的女孩。”

即这种贴标签的行为，并不是对她自己的准确描述，而仅仅只是通过给自己贴的这个标签，从而令别人对自己产生这样的印象——我很坚强，我很时髦，我很酷，等等。

当你工作没做好，当你做错了什么事情，被上司、被亲友责骂的时候，你可能会下意识地为自己辩护：“我本来就是一个做事不靠谱的人啊！”

通过给自己贴上“一个做事不靠谱的人”这样的标签，你在心理上逃避了自己所应当承担的责任。

但因为你逃避了责任，你也就逃避了成长的空间。

同时，“一个做事不靠谱的人”这样的标签也会限制你，因为你在今后可能真的“做不好事情”了。

而一个自我接纳度不够的人，会非常“擅长”在生活中否定自己，“我不够好”“都是我的错”……这样的标签仿佛牛皮糖一样粘在他们身上。

由于这些自我否定类标签的存在，当他在对问题进行归因的时候，几乎下意识地就会将负面原因归结在自己身上，而无法意识到客观现实。

这里的重点在于：当一个人在处理问题时，其归因倾向是指向自己的错误的，这会导致他无法应对和处理现实问题，客观层面上的问题也无法解决。同时，他自己也无法得到锻炼；而对这个人而言，他所面临的问题就变成了自身情绪和感受的问题。

当人深陷于情绪问题时，会令情绪问题变得越来越糟糕；只会令自我否定、自我谴责的感受变得越来越痛苦。

因此，这个人会变得越来越脆弱，以至于根本无法再面对和处理现实问题。

02

在本篇文章中我想传递的一个观点是——人是无法被定义的。

实际上，我们活在一个“被定义”的世界里。

通过对这个世界上的存在下定义，贴标签，我们就能够把事物简单地加以分类和规整。

通过下定义，事物就变得可控，易于理解。

我们就能够因此而获得一种安全感，因为：

小丽是一个高傲的女孩，所以她才会对我的示好视而不见。

我是一个无能的人，所以我总是失败。

通过这样一种方式，我们便能为事物的发生找到一种“合理”的解释，这样我们就好像知道了原因，而不用再面对未知的恐惧——其实我不知道小丽为什么拒绝我，我为什么失败。

通常，人类恐惧未知更胜于事实。

很多时候，事物的发生其实是没有原因的，或者说我们本就无法通过推理、验算找到答案。

可我们却无时无刻不在用我们那狭隘的“逻辑”去评判和定义事实。

当然，没有人能否定通过给事物下定义的方式给人类生活上带来的便利，反而我们通过这样的方式大大提高了处理问题的效率，很多时候我们也能够将主要问题处理得很好。

但关键在于，对于个人而言，活在“定义”的世界里，就意味着你永远活在“局限”之中。

如果你时常定义别人，就意味着你选择了对这个人身上的其他闪光点视而不见，你会带着你的偏见和刻板印象。

如果你时常定义事物，比如，“吃兔子肉的人都是变态”“男子汉大丈夫怎么那样”……那么你就可能会错过更广阔的、更丰富的生命体验。

如果你总是相信并且接受别人对你的定义，这也就意味着真正的“你自己”被压抑了。你选择相信那些只看到你某一方面的人对你的看法，就必然会造成你对自己的怀疑，对自己的其他方面感到困惑。

你总是定义自己，意味着你限制了自己的其他可能性。

现在，你意识到了“定义”是如何限制你的吗？

你喜欢画画，就一定要成为一个画家吗？

你今年27岁，就一定要考虑相亲生子吗？

…………

你看到了吗？定义在限制你，人们给一个定义加上了许多的属性，仿佛你符合了一个定义，同时就拥有了其他所有的属性。

于是，你为了让自己看上去拥有那些你所向往的属性，而努力让自己去符合一个定义。

你为了逃避一些你所厌恶的属性，而让自己努力不符合一个定义。

你理解到问题所在了吗？

就像你只是想吃一个雪糕而已，但这个时候却有“一个大人还吃雪糕太幼稚了吧！”“一个大人竟然还吃草莓味的！”这些规则和定义都在阻碍你。

但事实上，这些定义本来都是不存在的，这些全都是我们自己创造出来用来限制自己的。

吃雪糕这一个行为不能代表你就是幼稚的，你心仪的对象拒绝了你不代表她就是个高傲的人，你很内向但不意味着你就干不了大事。

你需要记住的只有一点：世界上没有那么多的定义，也没有那么多的因果关系。

那么，如何从定义的世界之中解脱出来?

首先，你要停止对别人下定义，停止评判别人。

要知道，你不可能一边评判着别人，一边又对自己说，我不需要在意别人对我的定义。

定义作为一种操控别人的武器，当你试图用它去控制别人时，你自己其实也还是在定义的操控之中。

然后，你选择不再接受别人对你的定义。

重点在于你的选择上。

我想，肯定有不在少数的人这个时候会想问，那怎样才能不再接受别人对我的定义呢？

但事实上，问题已经止于此了。

就像我告诉你，今后不要再看电视，不要再从二楼跳下来，你要做的，只是把以前你经常做的事停下来而已。

当然，这中间会有很多阻碍，你忍不住总想看，总想自我安慰，总想接受别人对你的定义。但克服这些阻碍，本身就属于你自身的探索过程。

最后，请解放你自己。

解放自己，意味着你意识到自己是无法被定义的。

这个步骤不存在什么具体的方法可以告诉你，这更像是你会水到渠成，自然而然地走到的一个阶段。

我之所以能理解这一点，是因为有一天我的脑海中忽然有一个声音告诉我："试着想象一下，就从现在这一刻起，你没有了名字。"

在这一瞬间，我好像忽然就开悟了。

对，我没有了名字，那我是谁？我是我的身体吗？我是我的思想吗？我是我过去的经历吗？我是因贫穷而自卑吗？我是因成功而傲慢吗？

我好像忽然能够看到过去的自己，仿佛一直被自己的经验和各种定义局限在一个很小的空间里。童年时的一些社交受挫经历，导致我一直以来倾向于对人际关系进行回避。

但事实上这一切都是幻象，过去都是幻象，经验都是幻象，定义都是幻象。

“我”也是幻象。

你明白了吗？

你不是一个父亲、一个程序员、一个美食控、一个精英、一个心理咨询师、一个思想家……

倾听内心的声音，从你给自己定义的“身份”“角色”和“职业”中解放出来，你才能够意识到——你生命中存在着无限的可能性。

自由的本质是“放弃控制”

01

一千三百多年前，禅宗六祖惠能说：“本来无一物，何处惹尘埃。”

五百多年前，王阳明说：“圣人之道，吾性自足。”

14世纪时，逻辑学家Ockham提出了著名的奥卡姆剃刀原理：“如无必要，勿增实体。”

一百多年前，英国的精神分析师温尼科特提出了一个概念，叫：good enough mother。

现代，曾奇峰则给出了一个绝妙的翻译：“60分妈妈”。

以上四个概念的内核全都围绕着一个认知，自由的本质是“放弃控制”。

人作为目前地球上已知的唯一高等智慧生物，我们一生所做的绝大多数努力都是为了逃避存在的真相。

我们所建构的一切，都是为了压抑、隔离、缓解存在本身的“焦虑”。

自由之所以是所有人潜意识之中最深处、最终极的追求，其根本原因在于：自由代表着没有了任何的焦虑和不安全感。

因为“焦虑”这种不舒服的感受的持续存在，我们潜意识之中总是试图能够“一劳永逸”地消除这种感受，比如：

在原始社会，人类总会被虎、狼等大型动物攻击，为了彻底解决这个问题，我们发明了房屋；在现代社会，生存需要金钱，为了能够彻底不为金钱所累，许多人开始向往财务自由。

很明显，这种为了缓解“焦虑”所做的努力有着非常巨大的社会意义：科技在不断进步，人类的生活水平在不断提升，人类的欲望能够得到更大的满足。

但问题在于我们所做的这些努力，对于“焦虑”的缓解没有起到过任何作用。

相反，随着科技的发展，生活的富足，互联网的便捷，消费主义的兴起，人类的心灵世界不仅没有变得更幸福，反而变得越来越痛苦。

互联网让我们看到了更大的世界，也让我们产生了更多、更强烈的欲望，我们想拥有更多、享受更多，可是大多数人的生产力和资本在特定的时代环境下是有限的，所以更多、更强烈的欲望带来了更多的痛苦。

消费主义无时无刻不在给人们洗脑，要通过各种产品和品牌来标榜自己，可是你一旦陷入这个陷阱，就会沦为资本家眼中“待宰的羔羊”。

我们总是被自己的短视和一时的欲望左右，绝大多数人都是出生后就被惯性不断地推着前行，从没有人停下来仔细想一想，我为什么要前行？

人类历史上少数能停下来反思的人，被世人称作哲学家。

但这些哲学家们从来都没有获得过真正的重视，都市人总是忙着看手里的哪只股票会涨；忙着刷微博，看偶像有了什么新动态；或忙着在《王者荣耀》里骂队友。

如果我们不停下来思考问题的本质，就只能被惯性推着浑浑噩噩地往前走。

如果我们始终都为惯性的生存而忙碌，那么痛苦和惯性将会永远地并存下去。我们为了对抗、逃避“焦虑”所做的努力，才是我们生活中大部分痛苦的根源。

我们越是试图“获得”自由，就会愈发不自由。

我们越是试图“不焦虑”，只会愈发焦虑。

02

我将人存在本身不可避免的焦虑称之为“存在焦虑”（这与马斯洛的“存在焦虑”不是一回事），这种焦虑是驱使人类终其一生都在不停活动的根本驱力之一。

“存在焦虑”产生的原因基于四个先天要素：死亡与风险、无力感、人生的无意义、孤独，以及一个后天要素——俄狄浦斯冲突。

对死亡的恐惧和生活中无时无刻不面临的风险，这导致我们产生“存在焦虑”的最基础、最核心的原因。我们不想死亡，我们渴望永恒地存活，我们希望可以永远舒舒服服、没有任何风险地活下去……

所以，生存与暴力是人类历史上的永恒主题——生存的意义在于对抗死亡（通过繁衍后代来试图完成精神层面上的自我延续），而暴力则是为了抵御或征服风险。

“无力感”是在死亡与风险基础上必然会产生的一种感受，因为我们不可能不死，我们也不可能没有任何风险地一直存活下去。

我们逐渐发现，我们不可能控制一切。事实上，世界上真正能够按照我们的意愿达成的事件实在是少之又少。

我们控制不了地球，控制不了物质的属性，控制不了别人，甚至控制不了自己。

这种无力感让我们陷入极度的沮丧和失望中，但无论我们失望过多少次，我们都没能意识到失望，恰恰是因为我们本来就没有控制一切的能力。

我们仍旧一次次地试图通过控制那些我们控制不了的东西来摆脱无力感，而这只会让我们体验到更为强烈的无力感。

没有意义就等同于没有存在，没有意义就意味着一切都是虚无的。

这种无意义感会让人感到极度无聊，甚至发疯。

我们会如此强烈地需要“意义”，只要有了意义，我们才有“我是存在着”的感受，我们才能够安心地继续生活下去。

因此，人类通过发明各种各样的规则、仪式和评判系统来“建构”意义。我们通过不停地“做些什么”来证明“我活着，我存在着”，以此来抵御“无意义”。

本质上说，彻底的孤独等同于死亡。

孤独也确实具备扼杀一个人的能力。因为人唯有在“关系”中才能感知到自己的存在，只有来自“客体”的回应，我们才能知道自己是作为一个“人”而活着的。

所以，寻找关系，建立关系，维护关系，是我们每个人一生都要而且都在做的事。

但这并不能改变“人在本质上是彻底孤独的”这一事实。

人和人之间永远不可能达成真正的相互理解，我们也永远不可能拥有永恒的、不存在问题的亲密关系。

人的一生必然会有一些时刻，要独自面对属于自己的孤独。

“俄狄浦斯冲突”，指的是我们渴望成功，同时又害怕成功后可能受到的惩罚。

这种冲突的原型可能来自成长过程中，儿童的一些释放欲望、获得快感的行为总是受到父母的斥责、打压，甚至是伤害。

比如说，把房间弄得一团糟，用手戳自己的排泄物，猛抓妹妹的头发等，这些行为都可能会让一个儿童感到开心，但是随之而来的是父母的呵斥，甚至打骂。这可能会给他建立这样一种信念：我如果让自己太舒服的话，就会受到惩罚。

所以，在这个人长大后，他会不敢让自己太成功、太舒服，甚至可能会故意制造失败，故意让自己变得很平庸，以此来避免潜意识中的惩罚。

或者，他在获得了太大成功后却故意让自己有一些损失——比如捐出一些钱，从而在心理层面上获得这样一种安慰：我已经主动受过（可控的、可预见的）惩罚了，所以就不会再有别的（不可控、不可预见的）惩罚了。

潜意识中的这种“成功后的惩罚”，犹如达摩克利斯之剑，高悬于我们每个人的潜意识之上，让我们时刻感到焦虑和恐惧，终其一生都要自我设限，以避免想象中的惩罚。

我们可以看到，在面对以上这些终极痛苦时，我们所采用的手段只有否认、逃避、压抑、隔离。

总而言之，我们一直试图去解决根本无解的问题，控制不可控制之物。

03

我们所做的这些努力，都是为了让我们暂时体会不到存在的根本性痛苦。我们通过不停地“做些什么”来麻痹自己的大脑，保持头脑不停息的运转，从而不用停下来面对这些终极问题。

我们采取的是和唐代高僧神秀一样的态度：身是菩提树，心如明镜台。时时勤拂拭，勿使惹尘埃。

很多人并没有意识到“时时勤拂拭”是无意义的，它只是一种自我安慰而已。不论拂拭得多勤，尘埃恒在，也就是说，焦虑和痛苦恒在。

唯有转换到“本来无一物，何处惹尘埃”的视角，我们才能够真正从焦虑和痛苦中解脱。

何谓：“本来无一物，何处惹尘埃？”

答案无非两个字：“接受。”

接受生存焦虑存在的事实，接受人孤独的本质，接受死亡和风险不可抗拒的永恒存在，接受我们本来就没有可以改变和控制一切的能力。

一旦接受了痛苦，痛苦就不存在了，因为痛苦成了存在本身。

我们不再试图消除痛苦，不再试图解决痛苦，而是学会直面痛苦、接受痛苦、带着痛苦去生活。

就像那个脑袋前挂着胡萝卜的驴，当它意识到眼前这个胡萝卜这辈子都不可能追到后，它就不会再追着吃了。

直白地说，就是它放弃了。

放弃，对很多人来说，是不可想象的，因为他们坚定地认为，放弃就意味着失去了一切。

但事实上绝非如此。

对于那只驴来说，放弃不可能得到的胡萝卜，意味着它开始真实地存在着。不再将生命浪费于一个无意义的幻想，所以它才能看到和享受更多……

总之，我们只有从生存本身的陷阱中解脱出来，才能更充实地存在。

对生存焦虑的接受态度，如果用最通俗的话来讲就是，你有本事弄死我啊？

当你挑衅地对生存焦虑说让它弄死你的时候，你会发现，它并不能；甚至你会发现，它真的好虚弱。

它不过就是装出一副很厉害的样子，但其实它什么都做不了。

有人可能会说接受。说起来轻松，可到底要怎样才是接受？接受了又能怎样？感觉接不接受根本没有什么区别，生活还是和从前一样，没有丝毫变化。

其实，接受就是放弃控制，放弃控制就意味着自在。

放弃控制的意思是我选择接受人的孤独本质，所以我不再试图控制我的伴侣，让他或她扮演我心中“完美的另一半”，以此来填补我的幻想。

我接受风险的永恒存在，所以我选择直面生活的种种危机，并承担自己的责任。

这里所说的“放弃控制”，并不是我们通常认为的消极逃避，相反，它是一种更成熟、更积极的处世态度。

相反，那些自欺欺人、用假象和虚构来自我麻痹并制造出“我的生活很积极”表象的人才是真正的消极。

这不仅是消极，更是懦弱，他们没有直面真相的勇气，只能躲在他人所建的“焦虑避难所”里枉活一生。

04

当然，大多数人对焦虑的惧怕是有原因的，原因是他们对“失控感”的强烈恐惧。

注意，这里说的是对“失控感”的恐惧，而非对“失控”的恐惧。

“失控”本身并不可怕，可怕的是失控带给我们的那种感觉——对自己即将消失、周围全是危险和混乱、一切都将毁灭的恐惧。

但我们必须意识到，失控本质上和焦虑是一样的，它们都是只会虚张声势的弱者，对待它们最好的态度就是，不理睬他们。

让我用我的焦虑症举个例子：

焦虑症的病理机制是这样的：因精神紧张或生理问题而出现一系列生理状况，比如呼吸困难，心跳加速，头晕目眩，有时甚至会感到躯体层面上的疼痛或灼烧感。

如果一个人在焦虑症发作时放弃控制，那么这些症状会很快消退。但很多患者之所以长期被焦虑症困扰，根本不在于症状本身，而在于他们对症状的“抗拒”。

他们想赶快从焦虑的症状中走出来，他们不想再体验那些糟糕的情绪。可以说，正是对焦虑症的刻意压制，让他们对“焦虑症”产生了比症状本身更强烈的恐惧和焦虑。

当焦虑症发作时，他们会想：天啊！又发作了！我要赶快让这些症状消失！

但这些症状并没有很快消失，于是我们非常焦虑和恐惧，害怕这些症状会一直存在下去，而这种焦虑和恐惧反过来会让症状表现得更强烈。

但如果一个人不试图控制症状，这些症状会很快平息，而焦虑症本身其实是不会直接对人造成伤害和影响的。

实际上，你秉持这样一种信念："焦虑和恐惧本身只不过是我的一种感受，我可以选择理会，也可以选择不理会。"

虽然这些糟糕感受的存在可能会让你感到暂时性的不舒服，但你完全可以选择对它们置之不顾。

你可以这样对自己说："我不需要处理恐惧和焦虑，也可以继续正常生活。"

所以，放弃控制的本意是，我们不需要去管"孤独、无意义、无力、死亡与风险"之类的东西。因为只有当我们去"管"它们时，才会制造更多的问题。

我们应该把精力放在其他想做的事情上，而不是浪费时间去和那些"虚幻"的东西对抗。

一旦我们能够学会接受存在本质上的痛苦，承认对种种问题我们其实无能为力，带着这样一种接受的心态去生活，存在焦虑就会变成自在和喜乐。

"快乐"和"没有痛苦"从来都不意味着幸福，真实才是。

确立责任边界，是进入成人世界的必经之路

01

人生的大多数痛苦都有两种来源：

第一，不能承担自己的责任，总希望别人对自己的问题负责。

比如，歇斯底里的母亲对孩子说，如果不是你，我早和你爸离婚了！

愤怒的丈夫对妻子说，我为你放弃了那么好的工作，你怎么能这样对我？

朋友生气地向你抱怨，都怪你不帮我，我这次考试才没过！

第二，下意识地承担别人的责任，为别人的问题负责。

比如，在马路上被别人撞倒，非但不敢发怒，还会先道歉，对不起！怪我没有躲开；

桌子没有擦干净，但又不敢叫服务员，感觉这样会给服务员

添麻烦；

男朋友出门冻感冒了，你认为是自己的错，没有提醒他多穿些衣服。

…………

无论是不能承担自己的责任，还是过度为别人负责，这都会让你的心理状态和生活出现问题。

如果一个人总逃避自己的责任，希望别人为他负责，那么他就永远都是一个“婴儿”，无法拥有独立、自主、成熟的人格。

这样的人大都非常软弱，不能面对任何的困难，当问题出现在眼前，他们头脑中的第一个想法就是逃避。

我见过了太多太多的人不能够为自己负责，不能承担自己的责任。

许多咨询者都问过这样的问题：“我很痛苦，我很想得到某个东西或做成某件事，但又做不到，我该怎么办？”

我说：“你想实现这个目标，需要先完成A，再完成B，最后完成做C，就可以了。”

他们会说：“这太难了，有没有更简单的方法？你能不能帮我一下子把问题解决了？”

你看，其实很多人的思维模式都是这样的，他们会下意识地跳过“付出努力，解决困难”这个选项，习惯性地想要找到一种轻松不费力的解决方式。

对这样的人而言，他们无法体会到真正有意义的生命是怎样的。在他们看来，活着就要不断盘算着怎样将自己的快乐最大化，怎样将痛苦最小化。

某些时候，将自己的责任归结于他人，也是一种试图控制别人的手段。

例如，丈夫对妻子说我是为了你才放弃那么好的工作时，他是为了让妻子为自己做出的牺牲负责，由此令妻子产生内疚或亏欠的感觉，然后，他就能借由这种亏欠感去控制他的妻子。

可能很多人会说，难道妻子不应该对丈夫感到亏欠吗？

就好比一对父母为了他们的孩子日夜操劳，活得很辛苦，难道孩子不应该知恩图报吗？

就好比一位爱岗敬业的老师，为了学生们辛苦工作，累倒住进了医院，难道学生们不该尊重这位老师吗？

子女的确应该知恩图报，学生也的确应该尊敬老师。但是，这绝不意味着父母就能因此左右子女的意志，老师也无权因此要求学生好好学习，丈夫也无权因此要求妻子为他的牺牲负责。

从根本上而言，每个人的选择，只是他自己一个人的事情。

你因为爱你的妻子，而选择放弃好的工作和她在一起，这和你的妻子毫无关系。

这是你在你的妻子和你的工作之间做出的选择——你认为和妻子在一起对你来说更重要。

也就是说，你放弃工作，选择和你妻子在一起，根本就不是为了你的妻子，而只是为了你自己的利益需求。

就好比你眼前有一个苹果（好工作），在美国有一个梨（妻子），苹果和梨你只能选一个，你几经权衡，最后选择飞到美国去吃梨，这归根结底是因为你更想吃梨而已，你无权责怪梨子——都是因为你，我才放弃了苹果！

其实，现实中许多人会这样说，是因为他们有这样一种思维——简单来说，就是“因为我对你好，所以你就要听我的”。

父母试图用他们对孩子的好，来让子女成为他们希望成为的人，老师试图用辛勤的工作，让学生好好学习。也就是说，孩子和学生，只是父母和老师达到自己目的的载体。

这种将责任推卸给别人，要求别人为自己负责的行为，还有一种最常见的表现形式，就是道德绑架。

这种道德绑架广泛存在于亲情、友情、爱情、社会公德等方面。对个人而言，我们一方面要学会为自己的选择完全负责；另一方面，要有勇气拒绝别人对你的道德绑架。

02

一个人从孩子变为成人的根本变化在于：从依赖机制向责任机制转变。

这意味着一个人要逐渐接受生命的真相，接受痛苦是无法避免的事实。如此，他才能够为自己的生活负起全部责任，而不再依赖别人。

假如一个人在生理年龄上已经成年，但心理上仍旧采用依赖机制，那么，他就会成为一个所谓的“巨婴”。

那位声称“如果不是你，我早就和你爸离婚了”的母亲，就是这样一个把责任推给子女，并试图以此来控制自己子女的“巨婴”。

这位母亲的行为会对他的子女造成非常明显的伤害，在这种环境下长大的孩子可能会认为“自己的存在是一个错误”，他会认为是因为自己才导致了那么多的问题和错误，他因此没有办法接纳和爱自己了。

这样的子女非常容易成为第二种人：他们总会下意识地去承担别人的责任，承受许多本不属于他们的痛苦。在这种痛苦之上，他们往往还要受到内心的冲突与自我否定的痛苦。

习惯为别人承担责任，习惯将一切错误归咎于自己的人往往脆弱而敏感……还有，最重要的一点就是，他们往往不敢甚至根本不会表达自己的需求。

他们习惯了委屈自己去成全别人。

这样的心态对一个人的影响是重大而深远的。

首先，他们不会表达自己的需求。一切未被表达和释放的需求，一切悲伤、愤怒、不甘、痛恨的情绪，他们都没有办法表达出来。于是，这些负面的情绪就会被压抑在心里，造成对自我的攻击。

这种对内的攻击首先会让他不由自主地否定自己，他会变得脆弱而敏感，但是他又害怕别人看到自己这一面，于是在压抑之上又形成了第二层压抑。

而且，当一个人建立起“以别人的需求为主”的心态时，自然就会形成一个镜面心态——我不重要。

一个人活在世上，认为自己不重要，他的人生何其不幸！

其实，希望别人为自己负责，和过度为别人负责，都是责任边界的问题。

责任边界是指区分是你的责任还是别人责任的分界线。边界之内的责任，你要百分之百地负责，边界之外的责任，和你没有丝毫关系。

一条清晰且明确的责任边界，对我们的人生而言意义重大。对内可以为自己负责，你会变得成熟而独立；对外可以不为别人负责，你就不会产生毫无必要的自责和自我否定。

既然清晰的责任边界有那么多好处，那为什么那么多人还是不能明确自己的责任边界，而是任由自身与他人的责任边界混乱着呢？

刨除性格、智力、机遇等不可控因素，责任边界混乱的根本原因在于我们的社会文化和原生家庭。

责任边界在我国还是一个尚未流传开并被大家所重视的概念。

总体而言，西方人比中国人的责任边界更为清晰，这是因为西方人更注重个人隐私，且亲人之间的关系更加平等，父母不会对子女有过多的干涉。

而我国人情社交的一个典型特征就是边界不清，父母总会过度为子女做主。

而且，我国的许多传统伦理，本质上也会加剧人们混淆边界，比如婚姻要遵从父母之命，为朋友两肋插刀，等等。

在这样的社会文化和家庭环境下，许多人并没有形成清晰的责任边界意识。

03

那么，我们要如何去建立一个清晰而明确的责任边界呢？

最根本也是最重要的是，你要学会分清哪些是自己的责任，哪些不是自己的责任。

分清责任有一个最基本的原则：你只对你自己的选择负责，所以你要先分清什么是你自己的选择，什么不是你自己的选择。

比如，当你的父母向你哭诉他们为了你多么辛苦，所以你要按他们的要求去生活时，你就要意识到让你父母这么辛苦的不是你的选择，而是他们自己的选择，你们并没有达成“如果父母辛苦工作，你就要听话”之类的协议。

虽然从“常理”上讲，说出“父母那么辛苦不是为了你，而只是为了满足他们自己的需要”，会让人难以接受，但是情理上和父母的亲近感，与你们之间的责任边界是两码事。因此，你需要在这种情况下坚定地说出，我要怎样生活，这是我自己的事。

再比如说，你放弃了稳定的工作，选择了和人合伙创业，这意味着你同时选择了创业时的一切艰难、辛苦，以及资金紧张、无法盈利、被人背叛等风险。

你没有任何权利去控诉生活的艰难、工作的辛苦，就好像这些是你不该承受的一样。你要在一开始就想明白，一旦你做出了某个选择，就意味着你同时接受了这个选择带给你的好处与坏处，你不可能只得到好处而不用承担坏处，更不可能只享受选择带来的好处，让别人去承担选择的坏处。

我们可以将责任边界这个概念泛化到生活中的许多方面，大到职业的选择、人生伴侣的选择，要不要考研究生；小到要不要借钱给朋友，春节去妻子家过还是自己家过，等等。这些问题都可以从责任边界的角度来寻求解决办法。

你要记住，如果是你自己的选择，你应该承担该承担的责任，逃避是无用的，因为逃避也只能逃避一时。

别人也没办法帮你，因为你的人生只属于你自己。

如果不是你的责任，就要坚定地拒绝。因为承担别人的责任，对你是不公平的。

你是一个独立、成熟、完整的个体。

生活的真理常常未被大众意识到，在走向成熟和独立的道路上，你将不可避免地遭到周围人的质疑和否定，你必须沉着而坚定，完整而有尊严地保持和维护着你的边界。如此，你才能从无边的黑暗中找到属于你的自由之路。

如何成为一个自信的人

01

从心理学的角度来理解“自信”，其实是一个非常糟糕的事情，因为“自信”是一个客观存在的问题，而心理学只能“解释”自信的表象，却无法触及自信的本质。

自信的本质是——正见。

正见的意思是，对事物的正确认知与见解。

从狭义的角度来理解，就是你首先要有一套自己理解和认知事物的思维体系和方法论；其次，这个体系必须在你的生活范畴和人际关系中绝大多数时候都是“正确”的。

只有这样，你才会有自信。

反过来说，如果你老是出错，老是被人指责，老是被别人否定，那你不可能自信。

人不自信的根本原因，是不具备正确的认知世界的智慧。

那些脱离实际，企图通过“心理建设”“思维调整”等手段让人自信起来的做法，很显然是没有意义的。

忽略客观存在，让一个人不受实际错误和否定的影响，这无法让你更自信，只会让你脸皮厚了而已。

当我们回归实际，会发现所有不自信的人都有一项共同的特质，那就是，不知道自己是不是对的。

首先，这是因为他没有自己的价值体系和思维体系，所以对于生活中绝大多数的事物没有稳固的评价标准，无从判断对错。

其次，是因为多元化、混杂的资讯与观点的冲击，很容易让人陷入迷茫，感到无所适从。

比如，有这样一则热点新闻：一辆公交车上，一个小男孩用脚踢坐在对面座位上的男子，男子冲上前去，抓起小男孩将其摔倒在地，并猛踹小男孩的头部。对这个事件，网友的看法各不相同，相互矛盾，有的人说揍得好，有的人说这是不对的，面对这些不同的看法与标准，如果你没有属于自己的价值观作为标准，就无从判断和衡量这些不同的看法。

从这个角度来看，自信的建立过程，本质上是一个人的“三观”从建立到成熟的过程，在建立过程中，头脑中的各种观念不断地和外界讯息进行磨合一建立，推翻再到完善——当他的“三观”基本稳定的时候，自信便建立起来了。

因为，这个时候，他已经有了属于自己的标准，他知道对他来说什么是对，什么是错；什么是重要的，什么是次要的；要去做什么，不要去做什么。

比如，一个孩子被学校里的坏学生打了，这个时候他会感到屈辱、自卑、不甘。这是因为在存在校园欺凌现象的学校里，很多男生都有这样一种潜在的共同价值观：那些有很多狐朋狗友，能够通过暴力欺压其他人的“混混”才是强者。我作为一个男人就这样被他欺负，说明我无能、弱小。

在这样一种扭曲、幼稚的价值观之下，任何一个被欺负的孩子都会感到屈辱和自卑。但如果他有一种更成熟的价值观，他便会意识到无论出现什么情况，无缘无故地主动施暴的那个人才是错的。

他也会明白，在这样一个时代，用“暴力”作为评判一个人强弱的标准是错误的。

这样一来，他会找到更好地保护自己的方法。

“知道自己要做什么，不要做什么”，这也是自信的重要表现之一。

很多人把自信理解为一个人在任何一种生活情境下都一副自信满满，不惧任何挑战和挫折的样子。很显然这是错误的！

一个聪明的人知道自己什么当为，什么不当为；何时当为，何时不当为。

他不会在那些自己不看重、不感兴趣，也不擅长的领域浪费时间，这才是有智慧的“自信”。

“我知道自己目前做不好这件事，所以现在先不去做”，这才是有智慧的自信。

这就是我开篇说的自信是一种客观存在的问题的原因。因为在不同的生活情境下，你的反应和心理状态都是不一样的，主动避开那些对你不利的情境，不是很现实的问题吗？

02

那怎样才能拥有属于自己的正见呢？

其实很简单，就是系统性的读书和系统化的思考，如是而已。

时下大热的知识付费浪潮带来的一个严重的问题，就是知识的“过度包装”。

明明很普通的事情，非要加上一个看起来很“酷炫”的名词；明明是生活中再简单不过的问题，非要用漂亮的语言分出个一二三来；说个名词就说个名词吧，后面一定要加个括号和一串英文才显得具有国际化视野。

其实，以前的我也热衷于这样做，但现在我已经明白了大道至简的道理——无论语言多华丽，名词多专业，都是花架子。文章的核心价值在于道出问题的本质，把根本讲清楚了，那些冗杂的修饰都是次要的。

那么，要系统性地读哪些书呢？

历史、法学、经济学、心理学、哲学、儒家经典、道家经典，等等，这些不同的体系你深入地研究哪一个都可以。

最主要的还是看你自己的兴趣，但一定要抓住一门学科，深入地、系统地研究下去。

任何一个系统性的学科，都能帮你找到一个理解世间万物的切入点，而且切入了之后，它还会为你提供一套完整的方法论去分析事物。

“能找到切入点，还有完整的方法论去分析”，具备这些能力，你就已经比百分之七八十的人有智慧了。

现实生活中，我见到的那些真正拥有自信的人，无不对事物有着自己清晰明确、棱角分明的看法。他觉得对就是对，错就是错，不在乎就是不在乎。而且，他还有充分且完整的逻辑去解释和支撑自己的观点。

而那些不自信的人，通常都没有对于事物清晰明确的评判，他们不敢说自己觉得一件事对还是不对，好还是不好。即便他们能表达出自己感性层面上的倾向，也没有严密的逻辑去支撑和印证他们的观点。

反过来说，尝试在公共场合清晰而明确地表达出自己对某一事物的看法，并在接受了别人的质疑和反驳之后修正或改进自己的看法，也是一条迅速地获得正见的途径。

随着智慧层次的不断提升，你会越来越接纳和认可自我。

智慧是自信的前提，或者说，自信只是智慧的附带产物。

没有智慧的自信，只是自大罢了。

怎样建立健全人格？

01

健全的人格，本质上是指“舒展的自我”。

舒展代表着一切中性的概念，你既不紧张，也不放纵；既不卑微，也不高傲；既不讨好，也不回避。

在这样的人格状态里，你是舒坦的。

因为你是舒坦的，是“中性”的，我们反而很难用直接、肯定的定义来描述什么是健康的人格，而只能用这种否定再否定的方式来表达。

不健康的人格，其本质就是“被扭曲”或是“破碎”的自我。

回避型人格、偏执型人格、边缘型人格、回避型人格，等等，这些命名其实表述的都是人格扭曲之后的不同不健康人格的分类。

而人格的扭曲，本质上是人的自我破碎后，为了整合或规避这种破碎感而自我调适的结果。

“自我的破碎”从何而来呢？它源自外界的攻击。

我们面对一切外界的攻击，其实是没有什么防御的——因为精神攻击本身就是无法规避、无法防御的。

你对一个四五岁的小孩说：“你真是个废物，滚一边儿去，别碍我的眼！”

这个小孩的内心马上就会感到一阵难受，他内心的委屈、羞耻、愤怒等情绪马上就会被点燃。

这些攻击落在他心里，就像子弹一样不断地旋转，撕扯他的心理，导致暂时性的“自我破裂”。

这些子弹要是没被取出去，这种破裂感就会一直持续。

所有的防御手段都是我们后天发展出来的。

为了应付这些来自外部的攻击，逃避它带给你的糟糕感觉，你便会迅速脱离那种舒适的中性状态。

这就好比原本有一个直直的指向天空的指针，它受到外力的作用，向右偏了一些，你为了让它回到正中，就必须从左边将它拉回去。

问题在于，我们的心理惯性太大了，你习惯了从左边拉它之后，往往会在把它拉过中线之后还不放手，一直不停地再向左边拉。

直到你发现拉过了头，又赶紧从右边往回来拉一点儿。

这些将自己的内心调整到舒适状态的手段和方法，慢慢地就会固化下来，成为你的习惯，进而成为你的一种人格模式。

因此，人格的扭曲，源于我们受到外界攻击时，为了情绪缓解这一目的，所付出的习惯性努力。

比如，你处在一个常常被人欺负的环境中，别人天天欺负你，你就想："我不想被他欺负了，那我就巴结巴结他吧，我让他开心了，他就不会欺负我了。"也就是说，你讨好别人，是为了避免或终结别人可能施加给你的攻击，这种模式固化下来，就是讨好型人格。

你担心自己的不满和愤怒被释放出来，会带来不好的后果，所以就一直压抑着自己，表面笑嘻嘻，内心满腹牢骚，这种模式一旦固化下来，就是被动攻击型人格。

你的内在无比缺乏自我价值感，你迫切希望被别人看到，于是故意做出戏剧化的举动来获得别人的注意，或是在扮演某种角色的过程中获得自我价值感，这种模式固化下来，就是表演型人格。

对此，精神动力学给出的药方是，你心里的那些伤口需要被治疗。既然你缺乏自我价值感，心理咨询师就慢慢地给予你价值感；你回避亲密关系是因为你对它感到恐惧，咨询师就陪伴你慢慢建立亲密关系，让你逐渐地意识到亲密关系不是如你所想的那么可怕。

而认知疗法给出的药方则完全是另一个维度上的，它告诉你其实那些所谓的心理伤害并不存在。

在我看来，这个药方背后的逻辑是完整的、正确的。但是因为这个结论缺乏人文关怀，会让许多人感到愤怒，甚至会觉得这个结论本身就是对他们的一种伤害。

所以，这个药方的结论往往不会被言明，许多人只是阐述它背后的逻辑，将它包裹上一层可爱的、吸引人的糖衣之后，才好让患者吞下去。

为什么说那些心理伤害并不存在呢？

因为，我们习惯性的视角是将责任归咎于精神攻击者，我们习惯性地认为别人伤害了我，是因为他们有恶意，那是他们的错。但认知疗法强调，我们之所以会受到别人的心理攻击，主要源于以下三个原因：

一是，因为我们没有完全地接受客观现实；

二是，因为社会教育和群体环境，让我们形成了各种各样的偏见和扭曲认知；

三是，我们将原本很虚假的、捏造的、扭曲的、夸张的语言和想法当成了真实。

总而言之，不是别人的攻击才导致我们脱离了那种舒坦的“中性”心理状态，而是因为我们在接受教育的过程中，偏离了客观事实。

02

偏离事实的根本原因在于，语言本来就无法充分地描述事实。

你的父母也许会因为你解开了一个九连环而夸你聪明，也许会因为你三天都没有把九连环解开而骂你废物。其实，不管是聪明还是废物，这两个词语或者说标签都无法精准地定义你，它们都是很模糊、词意很广的概念。

但当你的父母将这两个标签贴在你身上时，不论你因为被夸聪明而开心，还是因被骂废物而难过，这两种情绪其实都是被夸大的、扭曲的。

你被贴上一个标签之后，是开心还是难过，取决于这个标签的社会属性。

通过学习和接受教育，我们对不同的词语产生了不同的属性定义。聪明是个褒义词，废物是个贬义词，所以我们要追求变聪明，避免成为废物。

也因为这样，别人将你描述为聪明时，你感受到的是“聪明”这个词代表的社会认可；别人将你描述为废物时，你感受到的是“废物”这个词代表的社会鄙弃。

有人会说，这不是废话吗？被夸聪明开心，被骂废物难过，很正常啊！

而这恰恰是问题的所在，我们每个人几乎都潜移默化、理所当然地认同了这种社会评价标准——每个人都认为聪明是好的，废物是不好的。这种对于自我正性、负性的“二元对立”的评价标准，才是问题的根源所在。

假如你想成为一个能干的人，那你取得的那些“平淡无奇”

的成就就会成为你烦恼的来源。

因此，你会在心理咨询室里叹气："这周太失败了，没有做出一点儿改变。"

而咨询师会问你："你是怎么做到'一点儿都没改变'的呢？"

二元对立的思维将一切分割，将"平淡无奇"的成果完全忽略，认为它们不存在，而没有意识到平淡无奇的成果也是一种成果。

这种思维也常常被用来看待我们自身。举个例子，你想戒烟，打算这周只抽三包烟。但实际上你却没能控制住自己，和过去一样抽了七包。

当你说"我还是抽了七包烟，一点儿没有改变"时，并没有意识到"抽了七包烟"只是你的一种行为。

你认为"抽七包烟的自己"就是你时，这种理所当然的想法会导致你目前的问题是要消解掉那个抽七包烟的自己——把抽七包烟的自己变成不抽烟的自己。

这样思维也是导致我们无法认清自己的原因，价值判断令你将自己一分为二——好的部分和坏的部分。而所有"坏的"部分，都是你排斥和想要摒弃的。

当你想要戒烟时，你会觉得"想要戒烟"的自己是好的，所以理所当然地认同这个自己，但当你只认同这个“想要戒烟”的自己时，你就没办法意识到：其实不管是“想要抽烟”的自己，还是“想要戒烟”的自己——都是你。

人本来就是矛盾的生物，每个人都会有诸多相互对立的想法，你很容易一会儿想要这个，一会儿又不想要了，这非常正常。

但如果你一直忙于给自己的所有想法贴上或好或坏的对立标签，你就没有时间去理解自己了。

你可能根本不知道自己为什么想抽烟，也许是成瘾，也许是因为孤独，也许是因为悲伤。

如果你无法理解自己为什么有某一想法、某一行为，这就意味着你很难改变它。如果让你抽烟的原因是悲伤，那在你在没有处理好这种悲伤情绪的情况下，几乎是无法把烟戒掉的。

03

人的自我接纳，是指对“完整”自我的接纳。指的是纯粹地接受自己，而不是用二元对立的视角将自己割裂，在社会价值评判体系中拼命地想要保留所谓“好”的自己，剔除“坏”的自己。

“完整”地接纳自我，意味着你需要学会用“不加评判”的视角去看待事物——包括你自己。不加评判的视角，就是完全尊重事实的视角。

要做到这一点，并不是需要用什么特别的方法，你只需收回那把将自我一分为二的刀，将破碎的自我缝合起来。只有这样，你才会成为那个完整的你。

为此，你要理解并且记住下面这些思维逻辑：

所谓健全的人格，并不意味着“你要将自身那些不健全的人格消除掉”。这种自我分割、自我摒弃的视角本身就意味着人格的不健康。

舒展的心理状态，不是“在你达到某个目标、获得某一成就”后才能获得的。心理的舒展来自此时此刻你对生命的全然接受。

人格发展的过程，本质上是一个去除偏见、消除认知扭曲的过程。

当你充满偏见和扭曲时，你会想：我有讨好型人格，这种人格太不健康了，我要改变这种模式，以后再也不讨好别人了。这样的视角下，你根本无法看到完整的自我，你只会局限在问题单一的症状里。

就好比你是一个老板，发现员工工作不积极，想提升员工的工作效率。于是给员工们请了个讲师“打鸡血”，然后要求员工每天下午将工作总结发到你的邮箱，并且严格地执行上下班打卡制度，等等。

但这样执行了一段时间后，你发现员工的工作积极性依然提不起来，为此你感到束手无策。

其实，问题的根源就在于，你考虑问题太单一了，局限在了问题的单一症状里使你无法看到问题的全貌。

同样的道理，讨好型人格、回避型人格、焦虑型人格，等等，其根本原因都在于你过去的生活体验中，你只会用这一种生活模式生活，而对于其他的生活模式压根就没有概念，或者说毫无认知。所以，“我再也不讨好任何人了”只能是一句空话，根本不可能实现。

这就像在只会做西红柿炒鸡蛋这一道菜的情况下，你宣布，我以后再也不吃西红柿炒鸡蛋了！这几乎是不可能做到的。

“我过去只会使用讨好这一种生活模式”，这样一种看待自身的视角，才是客观的、令你不再局限在单一症状里的视角。

采取了这样一种视角，你就会明白，我们在生活中会遇到各种各样的情境。而要应对这些情景，除了讨好这种模式外，你还需要学会更多的模式。

于是，问题就不再是“我要改变讨好型、回避型、焦虑型等人格模式”了，而是“我要学会更灵活地应对各种生活情景的手段”。

这样的视角，才是一种更广阔、更灵活，也更利于你人格舒展的视角。